中国农业标准经典收藏系列

最新中国农业行业标准

第十二辑

农机分册

农业标准编辑部 编

中国农业出版社

编 委 会

主　编：刘　伟

副主编：冀　刚　杨桂华

编　委（按姓名笔画排序）：

刘　伟　李文宾　杨桂华

杨晓改　廖　宁　冀　刚

出 版 说 明

　　近年来，农业标准编辑部陆续出版了《中国农业标准经典收藏系列·最新中国农业行业标准》，将 2004—2014 年由我社出版的 3 300 多项标准汇编成册，共出版了 11 辑，得到了广大读者的一致好评。无论从阅读方式还是从参考使用上，都给读者带来了很大方便。为了加大农业标准的宣贯力度，扩大标准汇编本的影响，满足和方便读者的需要，我们在总结以往出版经验的基础上策划了《最新中国农业行业标准·第十二辑》。

　　本次汇编对 2015 年出版的 339 项农业标准进行了专业细分与组合，根据专业不同分为种植业、畜牧兽医、植保、农机、综合和水产 6 个分册。

　　本书收录了农业机械分类、农业机械安全操作规程、农机质量评价技术规范、农业机械化水平评价等方面的农业行业标准 25 项。并在书后附有 2015 年发布的 7 个标准公告供参考。

　　特别声明：

　　1. 汇编本着尊重原著的原则，除明显差错外，对标准中所涉及的有关量、符号、单位和编写体例均未做统一改动。

　　2. 从印制工艺的角度考虑，原标准中的彩色部分在此只给出黑白图片。

　　3. 本辑所收录的个别标准，由于专业交叉特性，故同时归于不同分册当中。

　　本书可供农业生产人员、标准管理干部和科研人员使用，也可供有关农业院校师生参考。

农业标准编辑部

2016 年 10 月

目　录

ICS 65.060.80
B 95

NY

中华人民共和国农业行业标准

NY/T 264—2015
代替 NY/T 264—2004

剑麻加工机械　刮麻机

Machinery for processing of sisal-decorticator

2015-10-09 发布

2015-12-01 实施

中华人民共和国农业部 发布

前　言

本标准按照 GB/T 1.1—2009 给出的规则起草。

本标准代替 NY/T 264—2004《剑麻加工机械　刮麻机》。

本标准与 NY/T 264—2004 相比,主要技术变化如下:

——修改了规范性引用文件;

——增加了术语和定义(见第 3 章);

——型号规格表示方法中"两边刮麻、一边刮麻"分别改为"双边刮麻、单边刮麻"(见 4.2,2004 年版的 3.2);

——技术要求中机底漏麻率由原来的"应不大于 3‰"改为"应不大于 2‰"(见 5.1.9,2004 年版的 4.1.9);

——技术要求中"使用可靠性"改为"使用有效度"(见 5.1.12,2004 年版的 4.1.12);

——技术要求中增加了安全防护(见 5.5);

——试验方法中空载试验、磨合试验和负载试验中增加了各试验项目的要求(见 6.1、6.2 和 6.3);

——检验规则中检验项目进行了调整(见 7.2.4,2004 年版的 6.2.5)。

本标准由农业部农垦局提出。

本标准由农业部热带作物机械及产品加工设备标准化分技术委员会归口。

本标准起草单位:中国热带农业科学院农业机械研究所、农业部热带作物机械质量监督检验测试中心。

本标准主要起草人:李明、覃双眉、邓怡国、欧忠庆、韦丽娇。

本标准的历次版本发布情况为:

——NY/T 264—2004。

剑麻加工机械　刮麻机

1　范围

本标准规定了剑麻加工机械刮麻机的术语和定义、型号规格和主要技术参数、技术要求、试验方法、检验规则及标志、包装、运输和贮存等要求。

本标准适用于横向喂入式刮麻机。

2　规范性引用文件

下列文件对于本文件的应用是必不可少的。凡是注日期的引用文件，仅注日期的版本适用于本文件。凡是不注日期的引用文件，其最新版本（包括所有的修改单）适用于本文件。

GB/T 699　优质碳素结构钢

GB/T 700　碳素结构钢

GB/T 1176　铸造铜合金技术条件

GB/T 1184　形状和位置公差　未注公差值

GB/T 1804　一般公差　未注公差的线性和角度尺寸的公差

GB/T 2828.1　计数抽样检验程序　第1部分：按接收质量限（AQL）检索的逐批检验抽样计划

GB/T 3280　不锈钢冷轧钢板

GB/T 3768　声学　声压法测定噪声源声功率级　反射面上方采用包络测量表面的简易法

GB/T 5226.1　机械电气安全　机械电气设备　第1部分：通用技术条件

GB/T 8196　机械安全　防护装置　固定式和活动式防护装置设计与制造一般要求

GB/T 9439　灰铸铁件

GB/T 10089　圆柱蜗杆、蜗轮精度

GB/T 10095.1　渐开线圆柱齿轮精度　第1部分：齿轮同侧齿面偏差的定义和允许值

GB 10396　农林拖拉机和机械、草坪和园艺动力机械　安全标志和危险图形　总则

GB/T 13306　标牌

GB/T 15031　剑麻纤维

JB/T 5994　装配通用技术条件

JB/T 9832.2　农林拖拉机及机具漆膜附着力性能测定法　压切法

NY/T 1036　热带作物机械　术语

3　术语和定义

NY/T 1036界定的术语和定义适用于本文件。

4　型号规格和主要技术参数

4.1　型号规格的编制方法

型号由机名代号、主要参数和刮麻位置代号组成。

机名代号用刮麻机名称第一个汉字拼音开头的大写字母和夹麻部件名称汉字拼音开头的大写字母表示。

主要参数用小时加工叶片能力（生产率）表示。

刮麻位置代号用刮麻边数汉字拼音开头的大写字母表示。

4.2 型号规格表示方法

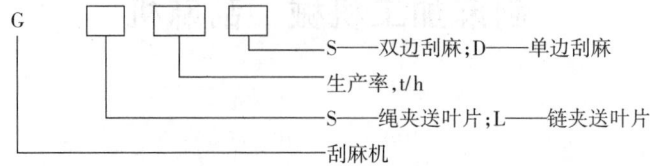

示例:

GS18S 表示为用绳夹送叶片,生产率 18 t/h,双边刮麻的刮麻机。

4.3 产品型号规格和主要参数

产品型号规格和主要参数见表1。

表 1 产品型号规格和主要参数

项 目		机 型						
		GS18S	GL18S	GL18D	GL12S	GL6D	GS6S	GS5S
生产率,kg/h		18 000	18 000	18 000	12 000	6 000	6 000	5 000
最大动力,kW		137.5	141	147	120	70	70	47
小刀轮	直径,mm	1 230	1 210	1 240	1 000	900	900	900
	转速,r/min	560	630	593	580	705	705	723
	线速度,m/s	36	40	38	30	33	33	34
	刀片数	12	16	12	12	10	10	10
大刀轮	直径,mm	1 550	1 580	1 532	1 400	1 100	1 100	1 100
	转速,r/min	456	472	490	420	605	605	605
	线速度,m/s	37	39	39	31	35	35	35
	刀片数	16	16	16	12	12	12	12
喂叶线速度,m/s		0.8	0.6	0.8	0.5	0.6	0.6	0.4
夹叶方式		剑麻绳	链条	链条	链条	链条	剑麻绳	剑麻绳
夹叶线速度,m/s		0.8	0.6	0.9	0.6	0.8	0.8	0.7

注:表中线速度为参考值。

5 技术要求

5.1 一般要求

5.1.1 应按照经规定程序批准的图样及技术文件制造、检验、装配与调整。

5.1.2 所有电气线路、管路应排列整齐,紧固可靠,在运行中不应出现松动、碰撞与摩擦。

5.1.3 各运动副应运转灵活,无异常响声,减速箱体不应有渗漏现象。

5.1.4 轴承在运转时,温度不应有骤升现象;空载时,温升应不超过 30℃;负载时,温升应不超过 40℃。减速箱润滑油的最高温度应不超过 65℃。

5.1.5 仪表应工作可靠、灵敏、准确、读数清晰、观察方便。

5.1.6 空载时,噪声应不大于 87 dB(A)。

5.1.7 图样上未注明公差的机械加工尺寸,应符合 GB/T 1804 中 C 级的规定。

5.1.8 加工出的纤维,青皮率应不大于 1%;经脱水和干燥后,纤维含杂率应不大于 5%。

5.1.9 纤维提取率应不小于 75%,机底漏麻率应不大于 2%。

5.1.10 刀轮与凹板间隙调整应方便可靠,调节范围应符合图纸设计要求。

5.1.11 夹麻输送装置应换位准确,性能可靠。

5.1.12 使用有效度应不小于95%。

5.2 主要零部件

5.2.1 机架

5.2.1.1 应采用力学性能不低于GB/T 9439规定的HT 200的材料制造。

5.2.1.2 铸件非加工面的平面度在任意600 mm×600 mm长度上应不大于3 mm。

5.2.1.3 机架加工面高度公差应不低于GB/T 1184规定的9级精度。

5.2.1.4 机架侧面连接面与底面垂直度公差应不低于GB/T 1184规定的9级精度。

5.2.1.5 机架的结合面和外露的加工面不应有气孔和缩孔。

5.2.1.6 机架不应有裂纹、疏松等影响力学性能的铸造缺陷。

5.2.2 轴

5.2.2.1 应采用力学性能不低于GB/T 699规定的45钢的材料制造。

5.2.2.2 刀轮轴各轴承位同轴度公差应不低于GB/T 1184规定的8级精度,其余相关轴颈同轴度公差应不低于9级精度要求。

5.2.2.3 调质处理后硬度应为22 HRC~28 HRC。

5.2.3 刀轮

5.2.3.1 应采用力学性能不低于GB/T 9439规定的HT 200的材料制造。

5.2.3.2 刀轮轴孔表面和联接刀片的螺栓孔处不应有冷隔、夹渣和偏析现象。

5.2.3.3 刀轮动刀直线度公差应不低于GB/T 1184规定的9级精度。

5.2.3.4 刀轮与刀片等零件组装总成后,应作静平衡试验。

5.2.4 刀片

5.2.4.1 应采用力学性能不低于GB/T 3280规定的1Cr13的材料制造。

5.2.4.2 大、小刀轮的刀片加工完毕以后,刀片高度偏差均应不大于0.5 mm。

5.2.5 凹板

应采用力学性能不低于GB/T 3280规定的1Cr13的材料制造。

5.2.6 凹板座

5.2.6.1 应采用力学性能不低于GB/T 9439规定的HT 200的材料制造。

5.2.6.2 各螺纹孔处不应有砂眼、气孔、疏松等铸造缺陷。

5.2.6.3 跟主绳轮轴相连的凸台平面与底面垂直度公差应不低于GB/T 1184规定的9级精度。

5.2.7 夹麻链轮、绳轮

5.2.7.1 应采用力学性能不低于GB/T 9439规定的HT 200的材料制造。

5.2.7.2 绳轮槽、链轮齿和中心孔内表面均不应有砂眼、气孔、疏松等缺陷。

5.2.8 夹麻链

5.2.8.1 链销应采用力学性能不低于GB/T 699规定的45钢的材料制造。

5.2.8.2 链板应采用力学性能不低于GB/T 700规定的Q235A的材料制造。

5.2.8.3 链板上两销孔中心距公差应不大于GB/T 1804中规定的m级精度。

5.2.8.4 链板表面硬度应不低于40 HRC。

5.2.9 齿轮

5.2.9.1 应采用力学性能不低于GB/T 699规定的45钢的材料制造。

5.2.9.2 齿轮加工精度应不低于GB/T 10095.1规定的9级精度,齿面粗糙度Ra值为6.3,齿面硬度为 40 HRC～50 HRC。

5.2.9.3 齿轮接触斑点,在齿长方向应不小于 50%,在齿高方向应不小于 40%。

5.2.10 蜗轮箱

5.2.10.1 箱体应采用力学性能不低于 GB/T 9439 规定的 HT 200 的材料制造,轴承孔、螺栓孔处不应有灰渣、砂眼、气孔等铸造缺陷。

5.2.10.2 蜗轮副精度应不低于 GB/T 10089 规定的 9C。

5.2.10.3 蜗轮轴与蜗杆轴间的垂直度公差应不大于 0.08 mm。

5.2.10.4 蜗轮轴心线与蜗轮箱底面平行度公差应不大于 0.08 mm。

5.2.10.5 蜗轮应采用 GB/T 1176 规定的 ZCuAl10Fe3Mn2 材料制造。

5.2.10.6 蜗杆应采用力学性能不低于 GB/T 699 规定的 45 钢的材料制造,两轴承位、接盘位对齿形圆柱面同轴度公差应不大于 0.04 mm,调质处理后硬度为 22 HRC～28 HRC。

5.3 装配要求

5.3.1 装配前应对各种零件进行清洗。所有零部件必须检验合格,外购件、协作件应有合格证明文件并经检验合格后方可进行装配。各种零部件的装配应符合 JB/T 5994 的规定。

5.3.2 夹麻链轮系和夹麻绳轮轮系各轮宽的中心面轴向错位量应不大于 3.0 mm。

5.3.3 啮合齿轮中心面轴向错位量应不大于 1.5 mm。

5.4 外观与涂漆

5.4.1 表面不应有明显的凸起、凹陷、粗糙不平和损伤等缺陷。

5.4.2 涂层采用喷漆方法,色泽应均匀,平整光滑。

5.4.3 漆膜附着力应检测 3 处均应达到 JB/T 9832.2 规定的 2 级。

5.5 安全防护

5.5.1 在醒目部位固定安全警示标志,安全警示标志应符合 GB 10396 的要求。

5.5.2 产品使用说明书中应有安全操作注意事项和维护保养方面的安全内容。

5.5.3 外露转动部件应装有安全防护装置,且应符合 GB/T 8196 的规定。

5.5.4 附件电气设备应符合 GB/T 5226.1 的规定,并有安全合格证。

5.5.5 电气设备应有可靠的接地保护装置,接地电阻应不大于 10 Ω。

6 试验方法

6.1 空载试验

6.1.1 应在总装检验合格后进行。

6.1.2 在额定转速下连续运转应不少于 4 h。

6.1.3 试验项目、方法和要求见表 2。

表 2 空载试验项目、方法和要求

序号	试验项目	试验方法	标准要求
1	运转平稳性及声响	感官	应符合 5.1.3 的规定
2	仪表和控制装置	目测	应符合 5.1.5 的规定
3	轴承温升	测温仪器	应符合 5.1.4 的规定
4	减速箱和油封处渗漏	目测	应符合 5.1.3 的规定
5	空载噪声	按 GB/T 3768 的规定	应符合 5.1.6 的规定

6.2 负载试验

6.2.1 应在空载试验后，并对刮麻机进行全面清洗、润滑，保养夹麻链、更换减速箱润滑油后进行。

6.2.2 应在额定转速及满负荷条件下，连续运转不少于 2 h。

6.2.3 试验用叶片长度应符合该刮麻机使用说明书的规定。

6.2.4 试验项目、方法和要求见表 3。

表3 负载试验项目、方法和要求

序号	试验项目	试验方法	标准要求
1	运转平稳性及声响	感官	应符合5.1.3的规定
2	仪表和控制装置	目测	应符合5.1.5的规定
3	轴承温升和减速箱油温	测温仪器	应符合5.1.4的规定
4	减速箱和油封处渗漏	目测	应符合5.1.3的规定
5	纤维提取度、纤维含杂率、青皮率、机底漏麻率	按附录A的规定	应符合5.1的规定
6	生产率	按附录A的规定	应符合5.3的规定

7 检验规则

7.1 出厂检验

7.1.1 产品均需经制造厂质检部门检验合格并签发"产品合格证"后才能出厂。

7.1.2 产品出厂应实行全检，并做好产品出厂档案记录。

7.1.3 出厂检验项目及要求：
——产品的外观质量应符合5.4的规定；
——产品的装配质量应符合5.3的规定；
——安全防护应符合5.5的规定；
——产品的空载试验应符合6.1的规定。

7.1.4 用户有要求时，应进行负载试验。负载试验应符合6.2的规定。

7.2 型式检验

7.2.1 有下列情况之一时应对产品进行型式检验：
——新产品或老产品转厂生产；
——正式生产后，结构、材料、工艺等有较大改变，可能影响产品性能；
——正常生产时，定期或周期性抽查检验；
——产品长期停产后恢复生产；
——出厂检验结果与上次型式检验有较大差异；
——质量监督机构提出进行型式检验要求。

7.2.2 型式检验应采用随机抽样，抽样方法按GB/T 2828.1中正常检查一次抽样方案确定。

7.2.3 样本应在12个月内生产的产品中随机抽取。抽样检查批量应不少于3台，样本大小为2台，应在生产企业成品库或销售部门抽取，零部件在零部件成品库或装配线上已检验合格的零部件中抽取，也可在样机上拆取。

7.2.4 型式检验项目和不合格分类见表4。

表4　型式检验项目和不合格分类

不合格分类	检验项目	样本数	项目数	检查水平	样本大小字码	AQL	Ac	Re
A	1. 生产率 2. 纤维提取率 3. 安全防护及安全警示标志		3			6.5	0	1
B	1. 空载噪声 2. 使用有效度 3. 轴承温升、减速箱油温及渗漏油 4. 含杂率 5. 青皮率 6. 机底漏麻率	2	6	S-I	A	25	1	2
C	1. 刀轮静平衡 2. 刀轮、刀片和凹板质量 3. 轴承与孔、轴配合尺寸 4. 齿轮质量、齿轮副侧隙和接触斑点 5. 漆膜附着力 6. 外观质量 7. 标志和技术文件		7			40	2	3

注：AQL为合格质量水平，Ac为合格判定数，Re为不合格判定数。

7.2.5　判定规则：评定时采用逐项检验考核，A、B、C各类的不合格总数小于等于Ac为合格，大于等于Re为不合格。A、B、C各类均合格时，该批产品为合格品，否则为不合格品。

8　标志、包装、运输、贮存及技术文件

8.1　标志

产品应在明显部位固定标牌，标牌应符合GB/T 13306的规定。标牌上应包括产品名称、型号、技术规格、制造厂名称、商标、出厂编号、出厂年月等内容。

8.2　包装

8.2.1　产品在包装前应在机件和工具的外露加工面上涂防锈剂，主要零部件的加工面应包防潮纸，在正常运输和保管情况下，防锈的有效期自出厂之日起应不少于6个月。

8.2.2　产品可整体装箱，也可分部件包装，产品零件、部件、工具和备件应固定在箱内。

8.2.3　包装箱应符合运输和装载要求，箱内应铺防水材料。包装箱外应标明收货单位及地址、产品名称及型号、制造厂名称及地址、包装箱尺寸（长×宽×高）、毛重等。还应有"不得倒置"、"向上"、"小心轻放"、"防潮"和"吊索位置"等标志。

8.3　运输和贮存

产品在运输过程中，应保证整机和零部件及随机备件、工具不受损坏。产品应贮存在干燥、通风的仓库内，并注意防潮，避免与酸、碱、农药等有腐蚀性物质混放，在室外临时贮放时应有遮篷。

8.4　随机技术文件

每台产品应提供下列技术文件：

——产品使用说明书；

——产品合格证；

——装箱单（包括附件及随机工具清单）。

附　录　A
（规范性附录）
性能指标的测定

A.1　使用有效度测定

在正常生产和使用条件下考核 200 h，同一机型不少于 3 台，可在不同地区测定，取所测定结果的算术平均值。

$$K = \frac{\sum T_z}{\sum T_g + \sum T_z} \times 100$$

式中：

K ——使用有效度，单位为百分率（%）；

T_z ——作业时间，单位为小时（h）；

T_g ——故障停机时间，单位为小时（h）。

A.2　生产率测定

在刮麻机额定转速及满负荷条件下测定生产率，测定 3 次每次不少于 1 h，计算生产率的算术平均值，精确到 1 kg/h，时间精确到分钟（min）。

$$E = \frac{N_a}{T}$$

式中：

E ——生产率，单位为千克每小时（kg/h）；

N_a——加工的剑麻叶片质量，单位为千克（kg）；

T ——工作时间，单位为小时（h）。

A.3　纤维提取率测定

在测定生产率时，分别测定各次提取的直纤维和丢失的乱纤维质量，计算 3 次纤维提取率的算术平均值，精确到 1%。

$$L = \frac{N_b}{N_b + N_c} \times 100$$

式中：

L ——纤维提取率，单位为百分率（%）；

N_b——提取的直纤维质量，单位为千克（kg）；

N_c——丢失的乱纤维质量，单位为千克（kg）。

A.4　机底漏麻率测定

取使用说明书规定长度的叶片 3 t 分 3 次做刮麻试验，分别统计各次掉落在机底的剑麻叶片质量 P，计算 3 次机底漏麻率的算术平均值，精确到 1%。

$$D = \frac{P}{N_d} \times 100$$

式中：

D ——机底漏麻率，单位为百分率(%)；

P ——每次掉落在机底的剑麻叶片质量，单位为千克(kg)；

N_d——每次被加工的剑麻叶片质量，单位为千克(kg)。

A.5 青皮率测定

在刚加工出的湿纤维 100 kg 中取 3 个试样，每个试样 1 kg，剪取青皮称取质量，计算 3 次青皮率的算术平均值，精确到 0.1%，质量精确到 1 g。

$$G = \frac{N_p}{N_e} \times 100$$

式中：

G ——青皮率，单位为百分率(%)；

N_p——青皮质量，单位为千克(kg)；

N_e——纤维总质量，单位为千克(kg)。

A.6 纤维含杂率测定

纤维含杂率测定按 GB/T 15031 的规定执行。

ICS 65.060.50
B 91

NY

中华人民共和国农业行业标准

NY/T 500—2015
代替 NY/T 500—2002

秸秆粉碎还田机　作业质量

Operating quality for straw-smashing machines

2015-02-09 发布
2015-05-01 实施

中华人民共和国农业部 发布

前　言

本标准按照 GB/T 1.1—2009 给出的规则起草。

本标准是对 NY/T 500—2002《秸秆还田机　作业质量》的修订。

本标准与 NY/T 500—2002 相比,主要技术内容变化如下:

——标准的内容、结构按照 NY/T 1353 的规定进行了增补、规范和编排;

——修改了标准名称;

——修改了术语和定义中部分内容;

——增加了标准的适用范围;

——增加和修改了产品的作业质量要求;

——增加了简易检测方法,规范了检测方法的描述;

——去除了检测项目分类,修改了综合判定规则。

本标准由农业部农业机械化管理司提出。

本标准由全国农业机械标准化技术委员会农业机械化分技术委员(SAC/TC 201/SC 2)归口。

本标准起草单位:农业部南京农业机械化研究所、河南豪丰机械制造有限公司、河北圣和农业机械有限公司、山东大华机械有限公司。

本标准主要起草人:丁艳、朱继平、袁栋、彭卓敏、夏敏、姚克恒、刘少林、王新芳、朱现忠。

本标准的历次版本发布情况为:

——NY/T 500—2002。

秸秆粉碎还田机 作业质量

1 范围

本标准规定了秸秆粉碎还田机作业的质量要求、检测方法和检验规则。

本标准适用于麦类、水稻、玉米、棉花等作物秸秆还田作业的质量评定。

2 规范性引用文件

下列文件对于本文件的应用是必不可少的。凡是注日期的引用文件，仅注日期的版本适用于本文件。凡是不注日期的引用文件，其最新版本（包括所有的修改单）适用于本文件。

GB/T 5262—2008 农业机械试验条件 测定方法的一般规定

3 术语和定义

下列术语和定义适用于本文件。

3.1

残茬高度 stubble height

还田作业后，残留在地表的根茬顶端到地面的距离。

3.2

粉碎长度合格率 the qualification ratio of cutting length

粉碎长度符合要求的秸秆质量占还田秸秆总质量的百分率。

3.3

抛撒不均匀率 the uneven ratio of throwing

秸秆经切碎、抛撒后，在地表分布的不均匀程度。

3.4

漏切 missing uncultivated

地表状况允许作业机组通过，机组应作业而未作业的部分。

3.5

漏切率 the ratio of missing cut

漏切秸秆质量占应还田秸秆总质量的百分率。

4 作业质量要求

4.1 作业条件：土壤含水率适宜机组作业，麦类秸秆含水率为≤17%，水稻秸秆含水率为≤25%，玉米秸秆含水率为≤15%或≥30%，棉花秸秆含水率为≤30%或≥60%。

4.2 在本标准4.1规定的作业条件下，秸秆粉碎还田机作业质量应符合表1的规定。

表 1 作业质量要求一览表

序号	检测项目名称	质量指标要求		检测方法对应的条款号
		专业检测法	简易检测法	
1	粉碎长度合格率[a]，%	≥85		5.1.4.1
2	残茬高度，mm	≤80		5.1.4.2

表 1（续）

序号	检测项目名称	质量指标要求		检测方法对应的条款号
		专业检测法	简易检测法	
3	抛撒不均匀率，%	≤20	/	5.1.4.3
	抛撒不均匀程度	/	均匀	5.2.2.4
4	漏切率，%	≤1.5，且无明显漏切	/	5.1.4.4
	漏切量	/	无明显漏切	5.2.2.4
a 合格粉碎长度：麦类、水稻秸秆≤150 mm，玉米秸秆≤100 mm，棉花秸秆≤200 mm。				

5 检测方法

5.1 专业检测方法

5.1.1 检测时机确定

秸秆粉碎还田机作业质量的检测，一般应在作业地块现场正常作业时或作业完成后立即进行。

5.1.2 测区和测点的确定

5.1.2.1 测区的确定

一般应以一个完整的作业地块为测区。当秸秆粉碎还田机作业的地块较大时，如作业地块宽度大于 60 m，长度大于 80 m，可采用抽样法确定测区。确定的方法是：先将地块沿长宽方向的中点连十字线，将地块分成 4 份，随机抽取对角的 2 份作为 2 个测区。

5.1.2.2 测点的确定

每个测区按照 GB/T 5262—2008 中 4.2 规定的五点法进行。每个测点取长为 2 m，宽为实际作业幅宽加 0.5 m 的面积。

5.1.3 检测要求

用抽样法确定的测区，所选取的地块都作为独立的测区，分别检测。

5.1.4 作业质量检测

5.1.4.1 粉碎长度合格率的测定

每个测点捡拾所有秸秆称重，从中挑出粉碎长度不合格的秸秆（秸秆的切碎长度不包括其两端的韧皮纤维）称其质量。测定玉米秸秆时，应进行田间清理，拣出落粒、落穗。粉碎长度合格率按式（1）计算。

$$F_h = \frac{\sum \left(\dfrac{m_z - m_b}{m_z} \right)}{5} \times 100 \quad\cdots\cdots\cdots\cdots\cdots\cdots\cdots\cdots\cdots\cdots\cdots\cdots \text{（1）}$$

式中：

F_h——粉碎长度合格率，单位为百分率（%）；

m_z——每个测点秸秆质量，单位为克（g）；

m_b——每个测点中粉碎长度不符合规定要求的秸秆质量，单位为克（g）。

5.1.4.2 残茬高度的测定

每个测点在一个机具作业幅宽度左、中、右上随机各测取 3 株（丛）的根茬，其平均值为该测点的残茬高度。求 5 个测点的平均值。

5.1.4.3 抛撒不均匀率

抛撒不均匀率的测定和秸秆粉碎长度合格率的测定同时进行，每个测点内按幅宽方向等间距三等分，分别称其秸秆质量。按式（2）、式（3）计算。

$$\bar{m} = \frac{m_z}{3} \quad\cdots\cdots\cdots\cdots\cdots\cdots\cdots\cdots\cdots\cdots\cdots\cdots\cdots\cdots\cdots\cdots\cdots \text{（2）}$$

$$F_b = \frac{m_{max} - m_{min}}{\overline{m}} \times 100 \quad \cdots\cdots\cdots\cdots\cdots\cdots\cdots\cdots\cdots\cdots (3)$$

式中：

$\overline{m}$ ——测区内各测点秸秆平均质量，单位为克(g)；

F_b ——抛撒不均匀率，单位为百分率(%)；

m_{max} ——测区内测点秸秆质量最大值，单位为克(g)；

m_{min} ——测区内测点秸秆质量最小值，单位为克(g)。

5.1.4.4 漏切率的测定

每个测点在宽为实际割幅加 0.5 m、长为 10 m 的面积内，拣拾还田时漏切秸秆，称其质量，换算成每平方米秸秆漏切量。按式(4)计算漏切率。

$$F_1 = \frac{m_{s1}}{m_s} \times 100 \quad \cdots\cdots\cdots\cdots\cdots\cdots\cdots\cdots\cdots\cdots (4)$$

式中：

F_1 ——漏切率，单位为百分率(%)；

m_s ——每平方米应还田秸秆总量，单位为克(g)；

m_{s1} ——每平方米秸秆漏切量，单位为克(g)。

5.2 简易检测方法

5.2.1 粉碎长度合格率、残茬高度由被服务方在作业现场测取。

5.2.2 在作业地块四周和中间各取 1 个测点，测点为 0.5 m×0.5 m 的面积，共 5 个测点。拣拾每个测点内所有秸秆，测量合格长度秸秆的质量占整个测点秸秆质量的百分率即为该测点粉碎长度合格率。5个测点平均值即为粉碎长度合格率。

5.2.3 每个测点内随机测 10 个残茬高度，取平均值，即为该测点的残茬高度。5 个测点平均值即为残茬高度。

5.2.4 抛撒不均匀程度、漏切量项目采用目测。

5.3 服务双方对作业质量有争议或进行秸秆粉碎还田机作业质量对比试验时，应用专业检验。

6 检验规则

6.1 作业质量考核项目

秸秆粉碎还田机针对不同的秸秆类型，按表2确定作业质量考核项目。

表 2 作业质量考核项目表

序号	检测项目名称
1	粉碎长度合格率
2	残茬高度
3	抛撒不均匀率
4	漏切率

6.2 单项判定规则

检测结果不符合本标准第 4 章规定的要求时，判该项目不合格。

6.3 综合判定规则

对检测项目进行逐项考核。全部检测项目合格时，判定秸秆粉碎还田机作业质量为合格；否则为不合格。

ICS 65.060.30
B 91

NY

中华人民共和国农业行业标准

NY/T 503—2015
代替 NY/T 503—2002

单粒(精密)播种机　作业质量

Operating quality for single seed drills(precision drills)

2015-02-09 发布

2015-05-01 实施

中华人民共和国农业部 发布

前　言

本标准按照 GB/T 1.1—2009 给出的规则起草。

本标准是对 NY/T 503—2002《中耕作物单粒(精密)播种机　作业质量》的修订。

本标准与 NY/T 503—2002 相比,主要技术内容变化如下:

——标准名称修改为《单粒(精密)播种机　作业质量》;

——修改了引用标准;

——删除了田间出苗率、种子用价、种子净度、种子发芽率、种子破损率等术语和定义;

——调整了各行施肥量偏差、总施肥量偏差的内容及检测方法;

——调整了邻接行距合格率指标;

——删除了种子机械破损率、田间出苗率指标及其相应的检测方法;

——调整了评定规则;

——播种深度合格率调整为 A 类。

本标准由农业部农业机械化管理司提出。

本标准由全国农业机械标准化技术委员会农业机械化分技术委员会(SAC/TC 201/SC 2)归口。

本标准起草单位:吉林省农业机械试验鉴定站。

本标准主要起草人:李盛春、李龙春、芦毅、吴冠军、李东来、代丽宏、梁春丽。

本标准的历次版本发布情况为:

——NY/T 503—2002。

单粒(精密)播种机 作业质量

1 范围

本标准规定了单粒(精密)播种机作业的质量要求、检测方法和检验规则。

本标准适用于单粒(精密)播种机作业的质量评定。

2 规范性引用文件

下列文件对于本文件的应用是必不可少的。凡是注日期的引用文件，仅注日期的版本适用于本文件。凡是不注日期的引用文件，其最新版本(包括所有的修改单)适用于本文件。

GB 4404.1—2008 粮食作物种子 第1部分:禾谷类

GB 4404.2—2010 粮食作物种子 第2部分:豆类

GB/T 6973—2005 单粒(精密)播种机 试验方法

3 术语和定义

下列术语和定义适用于本文件。

3.1

单粒(精密)播种 single (precision) seeder

按规定的粒距与播深将种子单粒播入种沟并覆土。

3.2

粒距 seeds spacing

播行内相邻两粒种子中心在播行中心线上的投影距离。

3.3

理论粒距 theoretical seeds spacing

播种机产品使用说明书中规定的粒距。

3.4

播种深度 depth of sowing

播种镇压后种子上部覆盖土层的厚度。

3.5

重播 multiples

播行内种子粒距小于或等于0.5倍理论粒距。

3.6

漏播 miss

播行内种子粒距大于1.5倍理论粒距。

3.7

合格粒距 spacing of normally sown seeds

播行内种子粒距大于0.5倍，但不超过1.5倍理论粒距。

3.8

播行直线性偏差 sowing line deviation

播行中心线偏离其基准线的水平距离。

4 作业质量要求

4.1 作业条件

地块应平整,长边大于5 cm的土块不应超过5块/m²,土壤含水率适宜种子发芽;垄播时,垄行距应一致;植被覆盖量应不影响播种;种子应符合GB 4404.1—2008和GB 4404.2—2010规定中大田用种的要求,播量符合农艺要求;颗粒状化肥含水率不超过12%,小结晶粉末状化肥含水率不超过2%,施肥量符合农艺要求。

4.2 作业质量指标

在本标准4.1规定的作业条件下,单粒(精密)播种机的作业质量应符合表1的规定。

表1 作业质量要求

序号	检测项目名称	质量指标要求			检测方法对应的条款号
		≤10(种子粒距,cm)	10~20(种子粒距,cm)	20~30(种子粒距,cm)	
1	粒距合格指数,%	≥60.0	≥70.0	≥75.0	5.2
2	重播指数,%	≤30.0	≤22.0	≤20.0	5.2
3	漏播指数,%	≤25.0	≤17.0	≤13.0	5.2
4	合格粒距变异系数,%	≤40.0	≤38.0	≤35.0	5.2
5	播种深度合格率[a],%	≥75.0			5.3
6	施肥深度合格率,%	≥75.0			5.3
7	种肥距离合格率,%	≥75.0			5.3
8	行距一致性合格率[b],%	≥90.0			5.4
9	邻接行距合格率[c],%	≥80.0			5.4
10	播行直线性偏差,cm	≤6.0			5.5
11	播种后地表状况	地表平整、无撒落的种子、化肥;镇压应连续			5.6
12	播种后地头状况	地头平整,无漏播和堆种、堆肥现象			5.6

[a] 播种深度大于或等于3 cm时,误差为±1 cm时为合格播种深度。播种深度小于3 cm时,误差为±0.5 cm时为合格播种深度。

[b] 同一播幅内各行距与规定行距相差不超过±3 cm为合格。

[c] 两次行程中邻接行距与规定行距相差不超过±6 cm为合格。

5 检测方法

5.1 取样方法

沿地块长、宽方向的中点连十字线,把地块划分成4块,随机选取对角的2块作为检测样本。

5.2 粒距合格指数、重播指数、漏播指数和合格粒距变异系数

按照GB/T 6973—2005中第6条的规定进行测定。

5.3 播种深度合格率、施肥深度合格率和种肥距离合格率

在样本地块中,按对角取5个小区,小区位于对角线交叉处及距每个角1/5对角线长度处。小区宽度为1个工作幅宽,小区长度为10 m。测定行数为6行,少于6行的全测,每行均布5个测点。在测点上,垂直切开土层,测定最上层种子(肥料)的覆土层厚度和种肥之间的最小距离,按式(1)计算小区播种(施肥)深度合格率和种肥距离合格率,并求平均值。

$$H = \frac{h}{h_0} \times 100 \quad\quad\quad (1)$$

式中:

H——播种(施肥)深度合格率或种肥距离合格率,单位为百分率(%);

h——播种(施肥)深度合格点数或种肥距离合格点数;

h_0——测定总点数。

5.4 行距一致性合格率、邻接行距合格率

小区位置、长度和测定行数同5.3,每个小区宽度为两个工作幅宽。在边行均布5个测定基准点,测定小区内行距及邻接行距,按式(2)计算小区行距一致性合格率和邻接行距合格率,并求平均值。

$$J = \frac{d}{z} \times 100 \quad\text{……………………………………………}（2）$$

式中:

J——行距一致性合格率或邻接行距合格率,单位为百分率(%);

d——行距合格点数或邻接行距合格点数;

z——行距测定总点数或邻接行距测定总点数。

5.5 播行直线性偏差

小区位置、宽度和测定行数同5.3,长度为50 m,以播行中心线作为基准线,测定播行中心偏离基准线的最大距离,以所测播行中的最大值为播行直线性偏差。

5.6 播种后地表和地头状况

播种后地表和地头状况用目测方法对照本标准4.2要求进行检查。

6 检验规则

6.1 不合格项目分类

被检查项目凡达不到本标准第4章规定要求的为不合格,根据对作业质量的影响程度,将不合格项目分为A、B两类。对作业质量有重大影响的为A类不合格,其余为B类不合格。检测项目分类见表2。

表2 检测项目分类表

分类		检测项目名称
类	项	
A	1	粒距合格指数
	2	合格粒距变异系数
	3	播种深度合格率
B	1	施肥深度合格率
	2	种肥距离合格率
	3	漏播指数
	4	重播指数
	5	行距一致性合格率
	6	邻接行距合格率
	7	播行直线性偏差
	8	播种后地表状况
	9	播种后地头状况

6.2 综合判定规则

对检测项目进行逐项考核。A类项目全部合格、B类项目不多于1项不合格时,判定单粒(精密)播种机作业质量为合格;否则为不合格。

ICS 65.060.99
B 93

NY

中华人民共和国农业行业标准

NY/T 509—2015
代替 NY/T 509—2002

秸秆揉丝机 质量评价技术规范

Technical specifications of quality evaluation for crop straw rubbing filament machines

2015-02-09 发布

2015-05-01 实施

中华人民共和国农业部 发布

前　言

本标准按照 GB/T 1.1—2009 给出的规则起草。

本标准是对 NY/T 509—2002《秸秆揉丝机》的修订。

本标准与 NY/T 509—2002 相比，主要技术内容变化如下：

——标准名称由《秸秆揉丝机》改为《秸秆揉丝机　质量评价技术规范》；

——修改了标准的总体结构；

——增加了主要技术参数核测项目与方法、质量评价所需提供文件资料及产品规格确认表；

——修改了试验用仪器设备的要求；

——提高了加工干秸秆的吨料电耗和标定单位功率生产率指标要求；增加了加工青秸秆的吨料电耗和标定单位功率生产率指标要求；

——修改了安全要求，明确了安全要求的检测方法；

——修改了相对两组锤片间的质量差及任意两动刀片间的质量差的确定方法；

——修改了噪声、转子平衡、使用有效度的检测方法；

——增加了操作方便性、使用说明书、三包凭证、关键零部件质量要求及检测方法；

——修改了检验规则；

——删除了生产试验、包装、运输、贮存的内容。

本标准由农业部农业机械化管理司提出。

本标准由全国农业机械标准化技术委员会农业机械化分技术委员会(SAC/TC 201/SC 2)归口。

本标准起草单位：辽宁省农机质量监督管理站、河北铁狮磨浆机械有限公司。

本标准主要起草人：白阳、丁宁、扈明哲、张福琛、吴义龙、金英慧、陈金霞。

本标准的历次版本发布情况为：

——NY/T 509—2002。

秸秆揉丝机 质量评价技术规范

1 范围

本标准规定了秸秆揉丝机的质量要求、检测方法和检验规则。

本标准适用于秸秆揉丝机(以下简称揉丝机)的质量评定。

2 规范性引用文件

下列文件对于本文件的应用是必不可少的。凡是注日期的引用文件,仅注日期的版本适用于本文件。凡是不注日期的引用文件,其最新版本(包括所有的修改单)适用于本文件。

GB/T 2828.11—2008 计数抽样检验程序 第 11 部分:小总体声称质量水平的评定程序

GB/T 3098.1—2010 紧固件机械性能 螺栓、螺钉和螺柱

GB/T 3098.2—2000 紧固件机械性能 螺母 粗牙螺纹

GB/T 3768—1996 声学 声压法测定噪声源声功率级 反射面上方采用包络测量表面的简易法

GB/T 5667 农业机械 生产试验方法

GB/T 6971—2007 饲料粉碎机 试验方法

GB 7681—2008 铡草机 安全技术要求

GB/T 9239.1—2006 机械振动 恒态(刚性)转子平衡品质要求 第 1 部分:规范与平衡允差的检验

GB/T 9480 农林拖拉机和机械、草坪和园艺动力机械 使用说明书编写规则

GB 10396 农林拖拉机和机械、草坪和园艺动力机械 安全标志和危险图形 总则

GB 23821 机械安全 防止上下肢触及危险区的安全距离

JB/T 5171—2006 铡草机 刀片

JB/T 9822.2—2008 锤片式饲料粉碎机 第 2 部分:锤片

JB/T 9832.2—1999 农林拖拉机及机具 漆膜 附着性能测定方法 压切法

3 术语和定义

下列术语和定义适用于本文件。

3.1

秸秆丝 filamentous straw

秸秆经加工后,成品中长度为 10 mm～180 mm,且几何宽度不大于 5 mm 的丝状物。

3.2

秸秆丝化率 the percentage of filamentous straw

秸秆经揉化加工后,成品中秸秆丝所占的百分比。

4 基本要求

4.1 质量评价所需的文件资料

对揉丝机进行质量评价所需提供的文件资料应包括:

a) 产品规格确认表(见附录 A),并加盖企业公章;

b) 企业产品执行标准或产品制造验收技术条件;

c) 产品使用说明书;

d) 三包凭证；

e) 样机照片(正前方、正后方、前方 45°各 1 张)。

4.2 主要技术参数核对与测量

依据产品使用说明书、铭牌和其他技术文件，对样机的主要技术参数按表 1 的要求进行核对或测量。

表 1 核测项目与方法

序 号	项 目	方 法
1	规格型号	核对
2	结构型式a	核对
3	配套总功率	核对
4	整机质量	测量
5	整机外形尺寸(长×宽×高)	测量
6	转子工作直径b	测量
7	工作室宽度	测量
8	锤片数量	核对
9	刀片数量	核对
10	主轴转速	测量
a 揉丝机的转子上只装有锤片的，其结构型式称为锤片式；转子上既装有刀片又装有锤片的，其结构型式称为铡切、锤片式；转子上装有刀片，揉丝功能由揉搓板完成的，其结构型式称为铡切、揉搓板式。		
b 转子工作直径是指转子工作时的最大直径。		

4.3 试验条件

4.3.1 试验场地应符合 GB/T 3768—1996 中附录 A 的规定。样机的安装应符合产品使用说明书的要求。

4.3.2 试验动力应采用电动机，其功率应符合产品使用说明书的规定。

4.3.3 试验电压应在 380V(或 220V)×(1±5%)范围内。

4.3.4 负载试验中，电动机平均输出功率应控制在配套功率的 85%～110%。

4.3.5 试验样机应按产品使用说明书的要求进行调整和维护保养。

4.3.6 试验物料应根据产品使用说明书的规定，选择玉米秸、稻草中的一种干秸秆或青秸秆。其中，干秸秆水分应为 15%～25%，青秸秆的水分应为 55%～65%，加工的秸秆应清洁，不含泥沙等杂物。

4.4 主要仪器设备

试验用仪器设备应通过校准或检定合格，并在有效期内。仪器设备的测量范围和准确度要求应不低于表 2 的规定。

表 2 主要仪器设备测量范围和准确度要求

序号	测量参数名称		测量范围	准确度要求
1	耗电量		0 kW·h～500 kW·h	2.0 级
2	质量	试验物料及成品	0 kg～100 kg	50 g
		其他样品质量	0 g～2 000 g	0.01 g
3	时间		0 h～24 h	0.5 s/d
4	噪声		30 dB(A)～130 dB(A)	2 级
5	温度		0℃～100 ℃	1%
6	粉尘浓度		0 mg/m³～30 mg/m³	10%
7	紧固件扭紧力矩		0 N·m～550 N·m	3 级

5 质量要求

5.1 性能要求

揉丝机的性能指标应符合表3的规定。

表3 性能指标要求

序号	项 目	质量指标		对应的检测方法条款号
1	吨料电耗,(kW·h)/t	干秸秆	≤15	6.1.2
		青秸秆	≤3	
2	噪声,dB(A)	≤93		6.1.5
3	粉尘浓度,mg/m³	≤10		6.1.4
4	秸秆丝化率,%	≥90		6.1.3
5	标定单位功率生产率,kg/(kW·h)	干秸秆	≥70	6.1.2
		青秸秆	≥350	
6	轴承温升,℃	≤20		6.1.6

5.2 安全要求

5.2.1 外露运动件及喂料口应有安全防护罩。防护罩应有足够强度、刚度,保证在正常使用中不产生裂缝、撕裂或永久变形。外露运动件防护罩的安全距离应符合 GB 23821 的规定;喂料口防护罩安全距离应不小于 550 mm。

5.2.2 防护罩上以及可能影响人身安全的部位应有符合 GB 10396 规定的安全标志。

5.2.3 加工干秸秆生产率大于 2.5 t/h 或加工青秸秆生产率大于 5 t/h 的揉丝机,应设自动喂入机构和过载保护装置。

5.2.4 固定转子轴承座的紧固件规格应符合表4的规定。

5.2.5 固定转子轴承座及动、定刀片的紧固件应采用不低于 GB/T 3098.1—2010 规定的 8.8 级螺栓(钉)和不低于 GB/T 3098.2—2000 规定的 8 级螺母。安装后,其扭紧力矩应符合 GB 7681—2008 中表 A.1 的要求,并应有可靠的防松装置。

表4 转子轴承座紧固件规格

揉丝机配套功率,kW	轴承座紧固件螺纹公称直径,mm
<5.5	≥8
5.5~11	≥10
11(不含)~18.5	≥12
≥18.5	≥16

5.3 转子平衡

揉丝机转子平衡精度应不低于 GB/T 9239.1—2006 中表 1 规定的 G16 级。

5.4 装配质量

5.4.1 各运动件应转动灵活、平稳,不应有异常震动、异常声响及卡滞现象。

5.4.2 各紧固件、连接件应牢固可靠、不松动。

5.4.3 锤片安装后,应能自如地绕销轴转动(锤片为固定式安装的除外)。

5.4.4 相对两组锤片间的质量差及任意两动刀片间的质量差均应不大于 Ag。A 值按式(1)确定。

$$(A-1)\alpha < \frac{M}{n \cdot r} \leqslant A \cdot \alpha \quad\cdots\cdots\cdots\cdots\cdots\cdots\cdots\cdots (1)$$

式中：

A —— 正整数；

α —— 6.5×10^{-6}，单位为千克分每转毫米$[(kg \cdot min)/(r \cdot mm)]$；

M —— 转子上的锤片或动刀片总质量，单位为千克(kg)；

n —— 转子转速，单位为转每分(r/min)；

r —— 转子工作半径，单位为毫米(mm)。

5.5 外观质量

揉丝机表面应平整光滑，不应有碰伤、划伤痕迹及制造缺陷。油漆表面应色泽均匀，不应有露底、起泡、起皱、流挂现象。

5.6 漆膜附着力

符合 JB/T 9832.2—1999 中表 1 规定的Ⅱ级或Ⅱ级以上要求。

5.7 操作方便性

5.7.1 各润滑油注入点应设计合理，保证保养时，不受其他部件和设备的阻碍。

5.7.2 原料的喂入及成品收集应便于操作，不受阻碍。

5.7.3 借助普通扳手、钳子等工具应能顺利更换锤片或动刀片。

5.8 使用有效度

揉丝机使用有效度应不低于 95%。

5.9 使用说明书

使用说明书的编制应符合 GB/T 9480 的规定，应至少包括以下内容：

a) 安全警告标志、标识的样式，明确表示粘贴位置；

b) 主要用途和适用范围；

c) 主要技术参数；

d) 正确的安装与调试方法；

e) 操作方法；

f) 安全注意事项；

g) 维护与保养要求；

h) 常见故障及排除方法；

i) 易损件清单；

j) 产品执行标准。

5.10 三包凭证

揉丝机应有三包凭证，三包凭证应包括以下内容：

a) 产品品牌(如有)、型号规格、购买日期、产品编号；

b) 生产者名称、联系地址、电话；

c) 已经指定销售者和修理者的，应有销售者和修理者的名称、联系地址、电话、三包项目；

d) 整机三包有效期(不低于 1 年)；

e) 主要零部件名称和质量保证期(不低于 1 年)；

f) 易损件及其他零部件名称和质量保证期；

g) 销售记录(包括销售者、销售地点、销售日期、购机发票号码)；

h) 修理记录(包括送修时间、交货时间、送修故障、修理情况、换退货证明)；

i) 不承担三包责任的情况说明。

5.11 铭牌

5.11.1 揉丝机应有铭牌，且固定在明显位置。

5.11.2 铭牌应至少包括以下内容:产品型号、产品名称、配套功率、主轴转速、整机质量、出厂编号、出厂日期、制造单位及地址。

5.12 关键零部件质量

5.12.1 关键零部件包括轴类、轴承座、刀轮、转子盘等机械加工件及刀片、锤片等。

5.12.2 机械加工件质量应符合制造单位技术文件要求,刀片质量应符合 JB/T 5171—2006 中 3.2 的规定,锤片质量应符合 JB/T 9822.2—2008 中 3.4、3.5、3.6 的规定。

5.12.3 关键零部件检验项次合格率应不低于 90%。

6 检测方法

6.1 性能试验

6.1.1 试验要求

6.1.1.1 试验前,根据样机额定生产率计算并准确称量足够的试验用秸秆(允许去掉秸秆的浮叶)。同时抽取不少于 200 g 的试验用秸秆样品,用于水分测定。

6.1.1.2 样机应进行不少于 5 min 的空运转,检查各运动件是否工作正常、平稳。

6.1.1.3 空运转结束后,可按产品使用说明书的规定对样机进行调试,使之达到正常工作状态。

6.1.1.4 样机调试正常后,开始负载试验。负载试验进行两次,每次试验时间不少于 20 min。取两次试验数据的算术平均值作为试验结果(轴承温升除外)。

6.1.2 吨料电耗、标定单位功率生产率

每次负载试验前,先启动样机空转 1 min～5 min 后,开始喂入已称量的试验用秸秆。同时开始累计耗电量和试验时间,待试验用秸秆全部进入样机时,停止累计并记录耗电量和试验时间。待样机内秸秆全部排空后,停止运转样机,将加工后的成品全部收集并称其质量(包括成品样品)。分别按式(2)、式(3)计算吨料电耗和标定单位功率生产率,结果保留 1 位小数。

$$Q = \frac{N}{G} \times \frac{1-S_b}{1-S} \times 1000 \quad \cdots\cdots (2)$$

式中:
Q ——吨料电耗,单位为千瓦时每吨[(kW·h)/t];
G ——试验用秸秆质量,单位为千克(kg);
N ——耗电量,单位为千瓦时(kW·h);
S_b ——秸秆标准水分(当试验用秸秆为干秸秆时,S_b 按 20% 计算;当试验用秸秆为青秸秆时,S_b 按 60% 计算),单位为百分率(%);
S ——试验用秸秆水分,单位为百分率(%)。

$$E = \frac{G}{T \cdot P} \times \frac{1-S}{1-S_b} \times 60 \quad \cdots\cdots (3)$$

式中:
E ——标定单位功率生产率,单位为千克每千瓦时[kg/(kW·h)];
T ——试验时间,单位为分钟(min);
P ——配套动力总标定功率,单位为千瓦(kW)。

6.1.3 秸秆丝化率

在每次负载试验开始 5 min 后,每间隔 5 min 在成品出口横断接取成品样品 1 次,共接取 3 次,每次接取样品不少于 200 g。将 3 次样品混合称其质量,捡出其中符合要求的秸秆丝并称量质量。按式(4)计算秸秆丝化率,结果保留 1 位小数。

$$S = \frac{m_1}{m} \times 100 \quad \cdots\cdots (4)$$

式中：

S ——秸秆丝化率，单位为百分率（%）；

m_1——样品中秸秆丝质量，单位为克（g）；

m ——样品质量，单位为克（g）。

6.1.4 粉尘浓度

在每次负载试验开始 5 min 后，开始在操作人员经常工作的秸秆喂入口处测量粉尘浓度。测点距地面 1.5 m、距喂入口水平距离 1 m。按照 GB/T 6971—2007 中 5.1.6 的规定进行测量和计算；或采用粉尘浓度速测仪进行测量，至少测量 3 次，计算平均值。结果保留 1 位小数。

6.1.5 噪声

6.1.5.1 按照 GB/T 3768—1996 的规定测量。选择平行六面体测量表面，测量距离为 1 m，测点数量和位置按照 GB/T 3768—1996 中附录 C 的规定确定，样机上方的测点可以省略。

6.1.5.2 在每次负载试验开始 5 min 后，开始测量各测点的 A 计权声压级，每间隔 5 min 测量 1 次，共测量 3 次，计算每点平均值。按照 GB/T 3768—1996 规定中式（4）、式（5）、式（6）、式（7）计算 A 计权表面声压级，作为测量结果，结果保留 1 位小数。

6.1.6 轴承温升

第 2 次负载试验结束时，测量揉丝机主轴各轴承座外壳温度，计算各轴承座外壳温度与环境温度差值，取最大值作为测量结果，结果保留 1 位小数。

6.2 安全要求

6.2.1 检查揉丝机是否符合本标准 5.2.1、5.2.2、5.2.3、5.2.4 的要求。

6.2.2 分别按照 GB/T 3098.1—2010 中 10 的规定和 GB/T 3098.2—2000 中 9 的规定检查固定转子轴承座及动、定刀片的紧固螺栓（钉）和螺母的等级。

6.2.3 按照 GB 7681—2008 中 A.2 规定的方法检验固定转子轴承座及动、定刀片的紧固件扭紧力矩。

6.3 转子平衡

6.3.1 当铡切机构与揉丝机构分别固定在两根主轴上时，应分别检验两个转子的平衡精度。

6.3.2 用于检验平衡精度的转子应不包含刀片或锤片。

6.3.3 当转子工作直径大于 450 mm，且转子宽度与工作直径之比大于 0.2 时，应按照 GB/T 9239.1—2006 规定的方法检验转子的双面平衡精度；否则，可按照 GB/T 9239.1—2006 规定的方法检验转子的单面平衡精度。

6.4 装配质量

检查揉丝机是否符合本标准 5.4 的要求。

6.5 外观质量

采用目测法检查揉丝机是否符合本标准 5.5 的要求。

6.6 漆膜附着力

在揉丝机表面任选 3 处，按照 JB/T 9832.2—1999 的规定进行检查。

6.7 操作方便性

通过实际操作，观察揉丝机是否符合本标准 5.7 的要求。

6.8 使用有效度

按照 GB/T 5667 的规定进行使用有效度考核，考核时间为 100 h。使用有效度按式（5）计算。

$$K_c = \frac{\sum T_z}{\sum T_g + \sum T_z} \times 100 \cdots\cdots\cdots\cdots\cdots\cdots\cdots\cdots\cdots\cdots (5)$$

式中：

K_c——使用有效度,单位为百分率(%);

T_z——生产考核期间每班次作业时间,单位为小时(h);

T_g——生产考核期间每班次故障时间,单位为小时(h)。

6.9 使用说明书

审查使用说明书是否符合本标准5.9的要求。

6.10 三包凭证

审查三包凭证是否符合本标准5.10的要求。

6.11 铭牌

检查铭牌是否符合本标准5.11的要求。

6.12 关键零部件质量

6.12.1 在制造单位合格品区或半成品库中随机抽取关键零件。其中,抽取机械加工件不少于3种,每种不少于2件,抽取刀片和锤片各不少于2片。

6.12.2 检验总项次数应不少于40项次。按制造单位的技术文件要求检验机械加工件的尺寸公差或形位公差等,按照JB/T 5171—2006中4.1的规定检验刀片质量,按照JB/T 9822.2—2008中4.2、4.3、4.4的规定检验锤片质量。

7 检验规则

7.1 不合格项目分类

检验项目按其对产品质量影响的程度分为A、B、C三类。不合格项目分类见表5。

表5 检验项目及不合格分类表

项目分类	序号	项目名称	对应的质量要求的条款号
A	1	安全要求	5.2
	2	秸秆丝化率	5.1
	3	吨料电耗	5.1
B	1	噪声	5.1
	2	粉尘浓度	5.1
	3	转子平衡	5.3
	4	使用有效度	5.8
	5	标定单位功率生产率	5.1
	6	三包凭证	5.10
	7	装配质量	5.4
	8	关键零件检验项次合格率	5.12.2
C	1	使用说明书	5.9
	2	轴承温升	5.1
	3	外观质量	5.4
	4	漆膜附着力	5.6
	5	操作方便性	5.7
	6	铭牌	5.11

7.2 抽样方案

抽样方案按照GB/T 2828.11—2008中表B.1的要求制定,见表6。

表6 抽样方案

检验水平	O
声称质量水平(DQL)	1
核查总体(N)	10
样本量(n)	1
不合格品限定数(L)	0

7.3 抽样方法

根据抽样方案确定,抽样基数为10台,抽样数量为1台。样机应在制造单位近一年内生产且自检合格的产品中随机抽取(其中,在用户中或销售部门抽样时不受抽样基数限制)。

7.4 判定规则

7.4.1 样机合格判定

对样机的A、B、C各类检验项目进行逐一检验和判定。当A类不合格项目数为0、B类不合格项目数为1、C类不合格项目数不超过2时,或者当A类和B类不合格项目数均为0、C类不合格项目数不超过3时,判定样机为合格品;否则判定样机为不合格品。

7.4.2 综合判定

若样机为合格品(即样本的不合格品数不大于不合格品限定数),则判通过;若样机为不合格品(即样本的不合格品数大于不合格品限定数),则判不通过。

附 录 A
（规范性附录）
产品规格确认表

产品规格确认见表 A.1。

表 A.1 产品规格确认表

序号	项 目	单位	规格
1	规格型号	/	
2	结构型式	/	
3	配套功率	kW	
4	整机质量	kg	
5	整机外形尺寸(长×宽×高)	mm	
6	转子工作直径	mm	
7	工作室宽度	mm	
8	锤片数量	片	
9	刀片数量	片	
10	主轴转速	r/min	

ICS 65.060.50
B 91

NY

中华人民共和国农业行业标准

NY/T 648—2015
代替 NY/T 648—2002

马铃薯收获机 质量评价技术规范

Technical specifications of quality evaluation for potato harvesters

2015-02-09 发布

2015-05-01 实施

中华人民共和国农业部 发布

前　言

本标准按照 GB/T 1.1—2009 给出的规则起草。

本标准是对 NY/T 648—2002《马铃薯收获机　质量评价技术规范》的修订。

本标准与 NY/T 648—2002 相比,主要技术内容变化如下:

——规范性引用文件中增加了 GB 10395.16;

——增加了试验用仪器设备测量范围和准确度等基本要求;

——安全要求中增加了对最高行驶速度大于 10 km/h 的自走式马铃薯收获机的要求;

——增加了检验项目及不合格分类;

——增加了规范性附录;

——删除了试验方法中中断试验条款;

——删除了技术经济指标计算;

——合并了漆膜厚度、漆膜附着力、涂漆和外观质量项目;

——修改了性能指标中损失率、伤薯率、含杂率、动态环境噪声的合格判定值;

——修改了抽样方案。

本标准由农业部农业机械化管理司提出。

本标准由全国农业机械标准化技术委员会农业机械化分技术委员会(SAC/TC 201/SC 2)归口。

本标准起草单位:内蒙古自治区农牧业机械试验鉴定站。

本标准主要起草人:王海军、周风林、王强、班义成。

本标准的历次版本发布情况为:

——NY/T 648—2002。

马铃薯收获机 质量评价技术规范

1 范围

本标准规定了马铃薯收获机的质量要求、检测方法和检验规则。

本标准适用于马铃薯挖掘机和马铃薯联合收获机的质量评定。

2 规范性引用文件

下列文件对于本文件的应用是必不可少的。凡是注日期的引用文件，仅注日期的版本适应于本文件。凡是不注日期的引用文件，其最新版本（包括所有的修改单）适用于本文件。

GB/T 2828.11—2008 计数抽样检验程序 第11部分：小总体声称质量水平的评定程序

GB/T 5262 农业机械试验条件 测定方法的一般规定

GB/T 5667 农业机械 生产试验方法

GB/T 9480 农林拖拉机和机械、草坪和园艺动力机械 使用说明书编写规则

GB 10395.1 农林机械 安全 第1部分：总则

GB 10395.16—2010 农林机械 安全 第16部分：马铃薯收获机

GB/T 13306 标牌

GB/T 14248 收获机械 制动性能测定方法

JB/T 5243 收获机械传动箱 清洁度测定方法

JB/T 6268 自走式收获机械 噪声测定方法

JB/T 9832.2—1999 农林拖拉机及机具 漆膜 附着性能测定方法 压切法

NY/T 1130—2006 马铃薯收获机

3 术语和定义

NY/T 1130—2006界定的以及下列术语和定义适用于本文件。

3.1

马铃薯挖掘机 potato digger

一次完成挖掘，并将薯块与土壤分离、铺放或集条于地表的机器。包括牵引式和悬挂式。

3.2

马铃薯联合收获机 potato combine harvester

一次完成挖掘，并将薯块与土壤分离、清选、收集的机器。包括牵引式和自走式。

4 基本要求

4.1 质量评价所需的文件资料

对马铃薯收获机进行质量评价所需文件资料应包括：

a) 产品规格确认表（见附录A），并加盖企业公章；

b) 产品执行标准或产品制造验收技术条件；

c) 产品使用说明书；

d) 产品三包凭证；

e) 产品照片3张（正前方、正后方、正前方45°各1张）。

4.2 主要技术参数核对与测量

依据产品使用说明书、铭牌和企业提供的其他技术文件,对样机的主要技术参数按照表1的规定进行核对或测量。

表1 核测项目与方法

序号	项目		方法
1	规格型号		核对
2	结构型式		核对
3	配套动力范围		核对
4	外形尺寸(长×宽×高)		测量
5	幅宽		测量
6	结构质量		测量
7	作业速度		测量
8	挖掘深度		测量
9	配套发动机	生产企业	核对
		型号	核对
		结构型式	核对
		额定功率	核对
		额定转速	核对
10	最小转弯半径	左转	测量
		右转	
11	轮距		测量
注:自走式马铃薯联合收获机填写1~11项;其他机型只填写1~8项。			

4.3 试验条件

4.3.1 试验用地

试验地应平坦,无障碍物,并满足试验样机的适用范围。试验地中马铃薯茎叶的留茬长度应不大于150 mm,试验地土壤绝对含水率应不大于25%。

4.3.2 试验样机

试验样机应按照使用说明书的要求安装并调整到正常工作状态。

4.3.3 试验用动力

根据样机使用说明书的规定选择技术状态良好的试验用动力。试验用动力应选择使用说明书中规定的配套动力范围中最接近下限的动力。

4.3.4 操作人员

试验时应按照使用说明书的规定配备操作人员进行操作。操作人员应操作熟练,试验过程中无特殊情况不允许更换操作人员。

4.4 主要仪器设备

试验测试前仪器设备应进行检定或校准,并在有效的检定周期内。仪器设备的量程、测量准确度应不低于表2的要求。

表2 主要试验用仪器设备测量范围和准确度要求

测量参数名称	测量范围	准确度要求
长度	≥5 m	1 cm
	0 m~5 m	1 mm
	0 μm~200 μm	1 μm
质量	0 kg~100 kg	50 g
	0 kg~6 kg	1 g
时间	0 h~24 h	1 s/d

表2（续）

测量参数名称	测量范围	准确度要求
温度	−10℃～50℃	1℃
环境湿度	0%～90%	5%
土壤坚实度	0 MPa～5 MPa	1 kPa
噪声	35 dB(A)～130 dB(A)	2 级
硬度	20 HRC～70 HRC	0.5 HRC

5 质量要求

5.1 性能要求

马铃薯收获机性能指标应符合表3的要求。

表3　性能指标要求

序号	项目			性能指标		对应的检测方法条款号
			马铃薯挖掘机	马铃薯联合收获机		
				牵引式	自走式	
1	损失率,%			≤4.0		6.1.3.7 6.1.4.8
2	伤薯率,%		≤1.5	≤2.0	≤2.0	6.1.3.8 6.1.4.9
3	破皮率,%		≤2.0	≤3.0	≤3.0	6.1.3.9 6.1.4.11
4	含杂率,%		/	≤4.0	≤4.0	6.1.4.10
5	挖掘铲静沉降,mm			≤10		6.5
6	纯工作小时生产率,hm²/h			不低于设计值		6.1.5
7	噪声	动态环境噪声,dB(A)		/	/	≤87	6.1.6
		驾驶员耳位噪声,dB(A)	封闭驾驶室	/	/	≤85	
			普通驾驶室	/	/	≤93	
			无驾驶室(含简易驾驶室)	/	/	≤95	
8	制动性能	行车制动冷态减速度 m/s²		/	/	≥2.94	6.1.7
		驻车制动		/	/	可靠地停在20%坡度的干硬纵向坡道上	

5.2 安全要求

5.2.1 马铃薯收获机的安全要求应符合 GB 10395.16—2010 中第4章的规定。

5.2.2 马铃薯收获机的使用说明书中安全使用信息应符合 GB 10395.16—2010 中6.1 的规定。

5.2.3 马铃薯收获机至少应设置下列安全标志：

　　a）　在收获机运动时禁止上下进入分选平台梯子的安全标志；

　　b）　在紧靠茎叶排出口和抛撒系统的茎叶清除装置上,设置警告运动部件产生危险的安全标志；

　　c）　在茎叶清除装置上,设置警告抛掷物产生危险的安全标志；

　　d）　在保养和维修工作中需要使用机械支撑机构的安全标志。

5.2.4 自走式马铃薯收获机上车通道应装有梯子和扶手,驾驶台应安装护栏,各部件应固定牢靠,踏板表面应防滑。梯子护栏的尺寸应符合 GB 10395.1 的规定。

5.2.5 自走式马铃薯收获机至少应安装作业照明灯2只,1只照向前方,1只照向作业区;最高行驶速度大于10 km/h的自走式马铃薯收获机还应安装前照灯2只、前位灯2只、后位灯2只、前转向信号灯2只、后转向信号灯2只、停车灯2只、制动灯2只,应安装行走、倒车喇叭和2只后视镜。

5.2.6 自走式马铃薯收获机驾驶室玻璃应采用安全玻璃。

5.2.7 自走式马铃薯收获机应备有灭火器。

5.3 装配与外观质量

5.3.1 传动箱清洁度和密封性
机器在额定转速下,进行1 h空转磨合。待停机30 min后,各动、静结合面应无漏油、渗油。清洁度应不大于33 mg/kW。

5.3.2 离合器工作性能
对机器进行试运转,分离部件运动灵活,无卡滞现象。离合器工作应平稳可靠。

5.3.3 空运转
空运转30 min后,应启动正常,运转平稳,无异常声响;紧固件松动个数应不大于3个。

5.3.4 挖掘铲沉头螺栓
挖掘铲沉头螺栓应不突出工作表面,下凹量应不大于0.5 mm。

5.3.5 焊接质量
焊接件的焊缝应平整光滑,不应有漏焊、裂纹、烧穿和焊渣等缺陷;不良焊缝应不大于3处。

5.3.6 涂漆和外观质量
机器表面应无锈蚀、碰伤等缺陷,涂漆应色泽均匀、平整光滑、不露底。涂漆厚度应不小于40 μm。漆膜附着力应达到JB/T 9832.2—1999表1中Ⅱ级或Ⅱ级以上的要求。

5.4 操作方便性

5.4.1 各操纵机构应灵活、有效。

5.4.2 调整、保养、更换零部件应方便。

5.4.3 保养点应设计合理,便于操作。

5.5 运输间隙
牵引式应不小于110 mm,悬挂式应不小于300 mm。

5.6 使用有效度
马铃薯收获机的使用有效度 K_{18h} 应不小于90%。

注:K_{18h}是指对马铃薯收获机样机进行18 h可靠性试验的有效度。

5.7 使用说明书
使用说明书应按照GB/T 9480的规定编写,至少应包括以下内容。

a) 产品特点及主要用途;
b) 安全警示标志并明确其粘贴位置;
c) 安全注意事项;
d) 产品执行标准及主要技术参数;
e) 结构特征及工作原理;
f) 安装、调整和使用方法;
g) 维护和保养说明;
h) 常见故障及排除方法。

5.8 三包凭证
三包凭证至少应包括以下内容:

a)   产品品牌(如有)、型号规格、购买日期、产品编号;

b)   生产者名称、联系地址、电话、邮编;

c)   销售者和修理者的名称、联系地址、电话、邮编;

d)   三包项目;

e)   三包有效期(包括整机三包有效期,主要部件质量保证期以及易损件和其他零部件质量保证期,其中整机三包有效期和主要部件质量保证期不得少于一年);

f)   主要部件名称;

g)   销售记录(包括销售者、销售地点、销售日期、购机发票号码);

h)   修理记录(包括送修时间、交货时间、送修故障、修理情况、换退货证明);

i)   不承担三包责任的情况说明。

5.9 铭牌

5.9.1 在产品醒目的位置应有永久性铭牌,其规格应符合 GB/T 13306 的规定。

5.9.2 铭牌应至少包括以下内容:

a)   产品名称及型号;

b)   配套动力;

c)   外形尺寸;

d)   整机质量;

e)   产品执行标准;

f)   出厂编号、日期;

g)   制造厂名称、地址。

5.10 关键零部件质量要求

挖掘铲刃部工作表面热处理硬度为 48 HRC~56 HRC。

6 检测方法

6.1 性能试验

6.1.1 试验要求

性能试验测区长度不小于 30 m,两端稳定区长分别不小于 10 m,宽度不小于作业幅宽的 8 倍。试验时,测往返两个行程,每个行程随机选 3 个小区。每个小区长 3 m,宽度为机器的作业幅宽。

6.1.2 试验地调查

按照 GB/T 5262 中的规定测定地面坡度、垄高、垄(行)距、土壤绝对含水率、土壤坚实度、公顷产量、留茬长度等项目。

6.1.3 马铃薯挖掘机性能指标的测定

6.1.3.1 明薯质量的测定:样机工作两个行程后,分别收集测区内明放和露出地面的薯块,并称其质量。

6.1.3.2 埋薯质量的测定:明薯收集后,找出被机器挖掘出来又被掩埋的薯块,并称其质量。

6.1.3.3 漏挖薯质量的测定:明薯、埋薯拣拾干净后,人工找出机器没有挖掘出来的残留薯块,并称其质量。

6.1.3.4 损失薯质量的测定:埋薯量和漏挖薯量之和为损失薯量。

6.1.3.5 伤薯质量的测定:从明薯、埋薯、漏挖薯中收集所有伤薯,并称其质量。

6.1.3.6 破皮薯质量的测定:从明薯、埋薯、漏挖薯中收集所有破皮薯,并称其质量。

6.1.3.7 损失率按式(1)计算,结果取两个行程中所有测试小区的平均值。

$$T_1 = \frac{W_2 + W_3}{W} \times 100 \quad\text{··} (1)$$

式中：

T_1——损失率，单位为百分率（%）；

W_1——明薯质量，单位为千克（kg）；

W_2——埋薯质量，单位为千克（kg）；

W_3——漏挖薯质量，单位为千克（kg）；

W——总薯质量，单位为千克（kg），$W = W_1 + W_2 + W_3$。

6.1.3.8 伤薯率按式（2）计算，结果取两个行程中所有测试小区的平均值。

$$T_2 = \frac{W_4}{W} \times 100 \quad\text{···} (2)$$

式中：

T_2——伤薯率，单位为百分率（%）；

W_4——伤薯质量，单位为千克（kg）。

6.1.3.9 破皮率按式（3）计算，结果取两个行程中所有测试小区的平均值。

$$T_3 = \frac{W_5}{W} \times 100 \quad\text{···} (3)$$

式中：

T_3——破皮率，单位为百分率（%）；

W_5——破皮薯质量，单位为千克（kg）。

6.1.4 马铃薯联合收获机性能指标的测定

6.1.4.1 漏拾薯质量的测定：样机工作两个行程后，分别收集测区内被样机挖掘出来，但没有拣拾起来的薯块，并称其质量。

6.1.4.2 漏挖薯质量的测定：人工找出样机没有挖掘出来的残留薯块，并称其质量。

6.1.4.3 损失薯质量的测定：漏拾薯量和漏挖薯量之和为损失薯量。

6.1.4.4 收获薯质量的测定：样机工作两个行程后，收集薯箱中的薯块，并称其质量。

6.1.4.5 杂质质量的测定：样机工作两个行程后，收集薯箱中的夹杂物和土壤，并称其质量。

6.1.4.6 伤薯质量的测定：从漏拾薯、漏挖薯、收获薯中收集所有伤薯，并称其质量。

6.1.4.7 破皮薯质量的测定：从漏拾薯、漏挖薯、收获薯中收集所有破皮薯，并称其质量。

6.1.4.8 损失率按式（4）计算，结果取两个行程中所有测试小区的平均值。

$$L_1 = \frac{Q_1 + Q_2}{Q} \times 100 \quad\text{···} (4)$$

式中：

L_1——损失率，单位为百分率（%）；

Q_1——漏拾薯质量，单位为千克（kg）；

Q_2——漏挖薯质量，单位为千克（kg）；

Q_4——收获薯质量，单位为千克（kg）；

Q——总薯质量，单位为千克（kg），$Q = Q_1 + Q_2 + Q_4$。

6.1.4.9 伤薯率按式（5）计算，结果取两个行程中所有测试小区的平均值。

$$L_2 = \frac{Q_3}{Q} \times 100 \quad\text{···} (5)$$

式中：

L_2——伤薯率，单位为百分率（%）；

Q_3——伤薯质量,单位为千克(kg)。

6.1.4.10 含杂率按式(6)计算,结果取两个行程中所有测试小区的平均值。

$$L_3 = \frac{Q_5}{Q_5 + Q_4} \times 100 \quad\cdots\cdots (6)$$

式中:

L_3——含杂率,单位为百分率(%);

Q_5——杂质质量,单位为千克(kg)。

6.1.4.11 破皮率按式(7)计算,结果取两个行程中所有测试小区的平均值。

$$L_4 = \frac{Q_6}{Q} \times 100 \quad\cdots\cdots (7)$$

式中:

L_4——破皮率,单位为百分率(%);

Q_6——破皮薯质量,单位为千克(kg)。

6.1.5 纯工作小时生产率

在测定马铃薯收获机使用有效度时,同时测定纯工作小时生产率,按式(8)计算。

$$E = \frac{\sum Q_{cb}}{\sum T_c} \quad\cdots\cdots (8)$$

式中:

E ——纯工作小时生产率,单位为公顷每小时(hm^2/h);

Q_{cb}——可靠性考核时班次作业量,单位为公顷(hm^2);

T_c——可靠性考核时班次纯工作时间,单位为小时(h)。

6.1.6 噪声

自走式马铃薯收获机动态环境噪声和驾驶员耳位噪声按照 JB/T 6268 规定的方法测定。

6.1.7 制动性能

自走式马铃薯收获机制动性能按照 GB/T 14248 规定的方法测定。

6.2 安全要求

按照本标准 5.2 的规定逐项检查,所有子项合格,则该项合格。

6.3 装配与外观质量

逐项进行检测或检查,所有子项合格,则该项合格。

6.3.1 传动箱清洁度和密封性

传动箱密封性目测,传动箱清洁度按照 JB/T 5243 规定的方法检测。

6.3.2 离合器工作性能

按照本标准 5.3.2 的规定检查。

6.3.3 空运转

按照本标准 5.3.3 的规定检查。

6.3.4 挖掘铲沉头螺栓

按照本标准 5.3.4 的规定检查。

6.3.5 焊接质量

按照本标准 5.3.5 的规定检查。

6.3.6 涂漆和外观质量

按照本标准 5.3.6 的规定检查。

6.4 运输间隙

马铃薯收获机处于运输状态时,测量马铃薯收获机最低点至地面的距离。

6.5 挖掘铲静沉降

液压系统运行 15 min 后,操纵挖掘铲液压控制阀使挖掘铲升到最高位置,测量铲尖离地高度;静止 30 min 后,再次测量铲尖离地高度,计算前后差值。

6.6 操作方便性

按照本标准 5.4 的要求逐项检查,所有子项合格,则该项合格。

6.7 使用有效度

按照 GB/T 5667 的规定进行可靠性考核。考核期间对样机进行连续 3 个班次的查定,每个班次作业时间为 6 h。使用有效度按式(9)计算。

$$K_{18h} = \frac{\sum T_z}{\sum T_g + \sum T_z} \times 100 \quad \cdots\cdots\cdots (9)$$

式中:

K_{18h}——使用有效度,单位为百分率(%);

T_z ——可靠性考核期间的班次作业时间,单位为小时(h);

T_g ——可靠性考核期间每班次的故障时间,单位为小时(h)。

6.8 使用说明书

审查使用说明书是否符合本标准 5.6 的规定。

6.9 三包凭证

审查产品三包凭证是否符合本标准 5.7 的规定。

6.10 铭牌检查

用目测法检查。

6.11 挖掘铲硬度

在淬火区内检测的 3 个点需全部合格,遇软点外延 2 个点,其中 1 个点不符合要求即为不合格。

7 检验规则

7.1 检验项目及不合格分类

检验项目按其对产品质量影响的程度分为 A、B、C 三类。不合格项目分类见表 4。

表 4 检验项目及不合格分类表

项目分类	序号	项目名称	马铃薯挖掘机	马铃薯联合收获机		对应条款
				牵引式	自走式	
A	1	安全要求	√	√	√	5.2
	2	损失率	√	√	√	5.1
	3	使用有效度	√	√	√	5.6
	4	噪声	—	—	√	5.1
	5	制动性能	—	—	√	5.1
B	1	伤薯率	√	√	√	5.1
	2	纯工作小时生产率	√	√	√	5.1
	3	含杂率	√	√	√	5.1
	4	破皮率	√	√	√	5.1
	5	挖掘铲静沉降	√	√	√	5.1
	6	装配与外观质量	√	√	√	5.3

表4（续）

项目分类	序号	项目名称	马铃薯挖掘机	马铃薯联合收获机		对应条款
				牵引式	自走式	
C	1	操作方便性	√	√	√	5.4
	2	运输间隙	√	√	—	5.5
	3	使用说明书	√	√	√	5.7
	4	三包凭证	√	√	√	5.8
	5	铭牌	√	√	√	5.9
	6	关键零部件质量要求	√	√	√	5.10

7.2 抽样方案

7.2.1 抽样方案按照 GB/T 2828.11—2008 附录 B 中表 B.1 的要求制定。见表 5。

表5 抽样方案

检 验 水 平	O
声称质量水平(DQL)	1
核查总体[a](N)	25/10
样本量(n)	1
不合格品限定数(L)	0
[a] 马铃薯挖掘机抽样基数应不少于 25 台，马铃薯联合收获机抽样基数应不少于 10 台。	

7.2.2 采用随机抽样，在生产企业近一年内生产且自检合格的产品中随机抽取 2 台样机，其中 1 台用于检验，另 1 台备用。由于非质量原因造成试验无法继续进行时，启用备用样机。马铃薯挖掘机抽样基数应不少于 25 台，马铃薯联合收获机抽样基数应不少于 10 台，在销售部门或用户中抽样不受此限。

7.3 评定规则

7.3.1 样品合格判定

对样本中 A、B、C 各类检验项目逐项考核和判定，当 A 类不合格项目数为 0(即 A=0)、B 类不合格项目数不超过 1(即 B≤1)、C 类不合格项目数不超过 2(即 C≤2)，判定样品为合格产品，否则判定样品为不合格产品。

7.3.2 综合判定

若样品为合格品(即样品的不合格项目数不大于不合格品限定数)，则判通过；若样品为不合格品(即样品的不合格项目数大于不合格品限定数)，则判不通过。

附　录　A
（规范性附录）
产品规格确认表

产品规格确认见表 A.1。

表 A.1　产品规格确认表

序号	项　目		单位	设计值
1	规格型号		/	
2	结构型式		/	
3	配套动力范围		kW	
4	外形尺寸(长×宽×高)		mm	
5	结构质量		kg	
6	作业速度		km/h	
7	工作幅宽		m	
8	挖掘深度		mm	
9	配套发动机	生产企业	/	
		型　号	/	
		结构型式	/	
		额定功率	kW	
		额定转速	r/min	
10	最小转弯半径	左转	mm	
		右转	mm	
11	轮距		mm	
注:自走式马铃薯联合收获机填写1～11项;其他机型只填写1～8项。				

ICS 65.060.01
B 90

NY

中华人民共和国农业行业标准

NY/T 1640—2015
代替 NY/T 1640—2008

农业机械分类

Agricultural machinery classification

2015-02-09 发布

2015-05-01 实施

中华人民共和国农业部 发布

前　言

本标准按照 GB/T 1.1—2009 给出的规则起草。

本标准是对 NY/T 1640—2008《农业机械分类》的修订。

本标准与 NY/T 1640—2008 相比，主要技术内容变化如下：

——修改了本标准的范围；

——删除了术语和定义；

——修改了原则及规定；

——删除了畜牧水产养殖机械大类；

——增加了畜牧机械和水产机械两个大类；

——删除了地膜机械、仓储机械、棉花加工机械、燃油发电机组、风力设备、水利设备、太阳能设备、
　　日光温室设施设备、塑料大棚设施设备、连栋温室设施设备、包装机械、牵引机械共 12 个小类；

——增加了食用菌生产设备、水产捕捞机械、温室大棚设备 3 个小类；

——删除了"网围栏"、"保温被"、"太阳灶"等品目；

——增加了"圆草捆包膜机"、"养蜂平台"、"吸鱼泵"、"船式拖拉机"等新发展的品目；

——调整了部分品目所在的小类、部分小类所在的大类及个别大类的位置；

——除"其他机械"大类外，在小类及品目中，删除了"其他"项。

本标准由农业部农业机械化管理司提出。

本标准由全国农业机械标准化技术委员会农业机械化分技术委员会(SAC/TC 201/SC 2)归口。

本标准起草单位：农业部农业机械试验鉴定总站。

本标准主要起草人：朱良、宋英、韩雪、白蒙亮、王心颖、祁福长、曲桂宝。

本标准的历次版本发布情况为：

——NY/T 1640—2008。

农 业 机 械 分 类

1 范围

本标准规定了农业生产有关农事活动中已使用的农业机械的分类及代码。

本标准适用于农业机械化管理对农业机械的分类及统计。农业机械的其他行业工作可参照执行。

注:本标准对发布后新出现的农业机械,不具有排他性。

2 原则

2.1 采用线分类法与面分类法相结合、以线分类法为主的综合分类法对农业机械进行分类,共分大类、小类和品目 3 个层次。大类按农业生产活动的环节划分;小类按农业机械的功能划分;品目按农业机械的结构、作业方式、作业对象进行划分,并按其进入农业生产的时间先后进行排序。

注:不同小类中的品目划分特征不尽相同。由于不同农业机械发展成熟程度不同,品目的划分存在粗细不一的情况。

2.2 对多功能机具,按照其主体功能进行归类。如:深松施肥播种机,归入播种机械。

3 代码结构及编码方法

3.1 大类代码以 2 位阿拉伯数字表示,代码从"01"至"15"。

3.2 小类代码以 4 位阿拉伯数字表示,具体品目代码以 6 位阿拉伯数字表示,最后 2 位为顺序码。小类及品目代码均由上位类代码加顺序码组成。代码结构图如下:

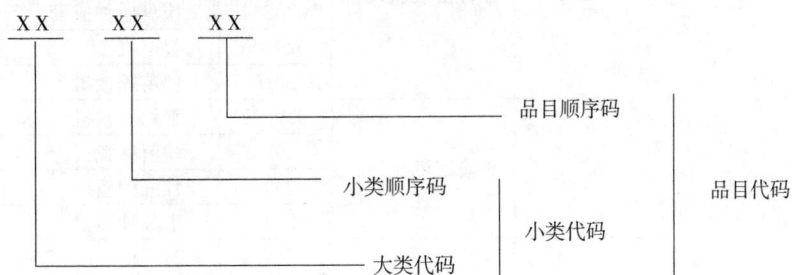

4 分类及代码

农业机械共分 15 个大类,49 个小类(不含"其他"),257 个品目。农业机械分类及代码见表 1。

表 1 农业机械分类及代码表

大类		小类		品目	
代码	名称	代码	名称	代码	名称
01	耕整地机械	0101	耕地机械	010101	铧式犁
				010102	圆盘犁
				010103	旋耕机
				010104	深松机
				010105	开沟机
				010106	耕整机
				010107	微耕机
				010108	机滚船
				010109	机耕船

表 1（续）

大类		小类		品目	
代码	名称	代码	名称	代码	名称
01	耕整地机械	0102	整地机械	010201	钉齿耙
				010202	圆盘耙
				010203	起垄机
				010204	镇压器
				010205	灭茬机
				010206	埋茬起浆机
				010207	筑埂机
				010208	铺膜机
				010209	联合整地机
02	种植施肥机械	0201	播种机械	020101	条播机
				020102	穴播机
				020103	精量播种机
				020104	小粒种子播种机
				020105	根茎作物播种机
				020106	深松施肥播种机
				020107	免耕播种机
				020108	铺膜播种机
				020109	整地施肥播种机
				020110	水稻直播机
		0202	育苗机械设备	020201	种子播前处理设备
				020202	营养钵压制机
				020203	秧田播种机
				020204	秧盘播种成套设备(含床土处理)
				020205	起苗机
				020206	秧苗嫁接机
		0203	栽植机械	020301	水稻插秧机
				020302	秧苗移栽机
				020303	甘蔗种植机
				020304	木薯种植机
		0204	施肥机械	020401	施肥机
				020402	撒肥机
				020403	追肥机
03	田间管理机械	0301	中耕机械	030101	中耕机
				030102	培土机
				030103	除草机
				030104	埋藤机
				030105	田园管理机
		0302	植保机械	030201	手动喷雾器
				030202	电动喷雾器
				030203	背负式喷雾喷粉机
				030204	动力喷雾机
				030205	喷杆喷雾机
				030206	风送喷雾机
				030207	烟雾机
				030208	杀虫灯
				030209	遥控飞行喷雾机

表1（续）

大类		小类		品目	
代码	名称	代码	名称	代码	名称
03	田间管理机械	0303	修剪机械	030301	茶树修剪机
				030302	果树修剪机
				030303	割灌（草）机
				030304	枝条切碎机
				030305	果树嫁接机
				030306	玉米去雄机
04	收获机械	0401	谷物收获机械	040101	割晒机
				040102	割捆机
				040103	自走轮式谷物联合收割机
				040104	自走履带式谷物联合收割机（全喂入）
				040105	悬挂式谷物联合收割机
				040106	半喂入联合收割机
				040107	大豆收获专用割台
		0402	玉米收获机械	040201	悬挂式玉米收获机
				040202	自走式玉米收获机
				040203	自走式玉米籽粒联合收获机
				040204	穗茎兼收玉米收获机
				040205	玉米收获专用割台
		0403	棉麻作物收获机械	040301	棉花收获机
				040302	麻类作物收获机
		0404	果实收获机械	040401	葡萄收获机
				040402	果实捡拾机
				040403	番茄收获机
				040404	辣椒收获机
		0405	蔬菜收获机械	040501	豆类蔬菜收获机
				040502	茎叶类蔬菜收获机
				040503	果类蔬菜收获机
		0406	花卉（茶叶）采收机械	040601	采茶机
				040602	花卉采收机
				040603	啤酒花收获机
		0407	籽粒作物收获机械	040701	油菜籽收获机
				040702	葵花籽收获机
				040703	草籽收获机
		0408	根茎作物收获机械	040801	薯类收获机
				040802	甜菜收获机
				040803	大蒜收获机
				040804	大葱收获机
				040805	萝卜收获机
				040806	甘蔗收获机
				040807	甘蔗割铺机
				040808	甘蔗剥叶机
				040809	花生收获机
				040810	药材挖掘机
				040811	挖（起）藕机

表1（续）

大类		小类		品目	
代码	名称	代码	名称	代码	名称
04	收获机械	0409	饲料作物收获机械	040901	割草机
				040902	翻晒机
				040903	搂草机
				040904	压扁机
				040905	牧草收获机
				040906	打(压)捆机
				040907	圆草捆包膜机
				040908	青饲料收获机
		0410	茎秆收集处理机械	041001	秸秆粉碎还田机
				041002	高秆作物割晒机
				041003	茎秆收割机
				041004	平茬机
05	收获后处理机械	0501	脱粒机械	050101	稻麦脱粒机
				050102	玉米脱粒机
				050103	花生摘果机
				050104	籽瓜取籽机
		0502	清选机械	050201	风筛清选机
				050202	重力清选机
				050203	窝眼清选机
				050204	复式清选机
		0503	干燥机械	050301	谷物烘干机
				050302	种子烘干机
				050303	籽棉(皮棉)烘干机
				050304	果蔬烘干机
				050305	药材烘干机
				050306	油菜籽烘干机
		0504	种子加工机械	050401	脱芒(绒)机
				050402	种子清选机
				050403	种子分级机
				050404	种子包衣机
				050405	种子加工成套设备
				050406	种子丸粒化机
				050407	棉籽脱绒成套设备
06	农产品初加工机械	0601	碾米机械	060101	碾米机
				060102	砻谷机
				060103	谷糙分离机
				060104	组合米机
				060105	碾米加工成套设备
		0602	磨粉(浆)机械	060201	磨粉机
				060202	面粉加工成套设备
				060203	磨浆机
				060204	淀粉加工成套设备
		0603	榨油机械	060301	螺旋榨油机
				060302	液压榨油机
				060303	滤油机

表 1（续）

大类		小类		品目	
代码	名称	代码	名称	代码	名称
06	农产品初加工机械	0604	果蔬加工机械	060401	水果分级机
				060402	水果清洗机
				060403	水果打蜡机
				060404	蔬菜清洗机
				060405	蔬菜分级机
				060406	薯类分级机
				060407	薯类分切机
		0605	茶叶加工机械	060501	茶叶杀青机
				060502	茶叶揉捻机
				060503	茶叶炒（烘）干机
				060504	茶叶筛选机
				060505	茶叶理条机
		0606	剥壳(去皮)机械	060601	玉米剥皮机
				060602	花生脱壳机
				060603	棉籽剥壳机
				060604	干坚果脱壳机
				060605	青豆脱壳机
				060606	大蒜去皮机
				060607	葵花剥壳机
				060608	剥（刮）麻机
				060609	果蔬去皮机
07	农用搬运机械	0701	运输机械	070101	农用挂车
				070102	田间运输机
				070103	挂桨机
		0702	装卸机械	070201	码垛机
				070202	农用吊车
				070203	农用叉车
				070204	抓草机
08	排灌机械	0801	水泵	080101	离心泵
				080102	潜水电泵
				080103	微型泵
				080104	泥浆泵
				080105	污水污物泵
		0802	喷灌机械设备	080201	喷灌机
				080202	微灌设备
				080203	灌溉首部（含灌溉水增压设备、过滤设备、水质软化设备、灌溉施肥一体化设备以及营养液消毒设备等）
09	畜牧机械	0901	饲料(草)加工机械设备	090101	铡草机
				090102	青贮切碎机
				090103	揉丝机
				090104	压块机
				090105	饲料（草）粉碎机
				090106	饲料混合机
				090107	饲料破碎机
				090108	青贮饲料取料机
				090109	饲料打浆机
				090110	颗粒饲料压制机
				090111	饲料制备（搅拌）机
				090112	饲料膨化机
				090113	饲料加工成套设备

表1（续）

大类		小类		品目	
代码	名称	代码	名称	代码	名称
09	畜牧机械	0902	饲养机械	090201	孵化机
				090202	喂料机
				090203	送料机
				090204	饮水装置
				090205	清粪机
				090206	消毒机
				090207	药浴机
				090208	畜禽精准化饲养设备
				090209	粪污固液分离机
				090210	粪污水处理设备
		0903	畜产品采集加工机械设备	090301	挤奶机
				090302	剪羊毛机
				090303	贮奶(冷藏)罐
10	水产机械	1001	水产养殖机械	100101	增氧机
				100102	投饲机
				100103	网箱养殖设备
				100104	水体净化设备
				100105	贝藻类养殖机械
		1002	水产捕捞机械	100201	绞钢机
				100202	起网机
				100203	吸鱼泵
				100204	船用油污水分离装置
				100205	探鱼设备
11	农业废弃物利用处理设备	1101	生物质能设备	110101	沼气发生设备
				110102	秸秆气化设备
		1102	废弃物处理设备	110201	废弃物料烘干机
				110202	有机废弃物好氧发酵翻堆机
				110203	有机废弃物干式厌氧发酵装置
				110204	残膜回收机
				110205	沼液沼渣抽排设备
				110206	秸秆压块(粒、棒)机
				110207	病死畜禽无害化处理设备
12	农田基本建设机械	1201	挖掘机械	120101	农用挖掘机
				120102	开沟机(开渠用)
				120103	挖坑机
				120104	推土机
				120105	水力挖塘机组
		1202	平地机械	120201	铲运机
				120202	平地机
		1203	清淤机械	120301	挖泥船
				120302	清淤机
13	设施农业设备	1301	温室大棚设备	130101	电动卷膜机
				130102	电动卷帘机
				130103	开窗机
				130104	拉幕机
				130105	通风机
				130106	二氧化碳发生器
				130107	臭氧发生器
				130108	热风炉

表1（续）

大类		小类		品目	
代码	名称	代码	名称	代码	名称
13	设施农业设备	1302	食用菌生产设备	130201	食用菌料制备设备
				130202	食用菌料混合机
				130203	蒸汽灭菌设备
				130204	食用菌料装瓶(袋)机
				130205	食用菌分选分级机
				130206	食用菌压块机
14	动力机械	1401	拖拉机	140101	轮式拖拉机
				140102	手扶拖拉机
				140103	履带式拖拉机
				140104	船式拖拉机
		1402	农用内燃机	140201	柴油机
				140202	汽油机
15	其他机械	1501	农用航空器	150101	固定翼飞机
				150102	旋翼飞机
		1502	养蜂设备	150201	养蜂平台
		1599	其他机械	159999	

ICS 65.020.01
B 90

NY

中华人民共和国农业行业标准

NY/T 2674—2015

水稻机插钵形毯状育秧盘

Seedling pot–mat tray for rice machine transplanting

2015-02-09 发布

2015-05-01 实施

中华人民共和国农业部 发布

前　言

本标准按照 GB/T 1.1—2009 给出的规则起草。

本标准由农业部种植业管理司提出并归口。

本标准起草单位:中国水稻研究所、浙江三友塑业股份有限公司。

本标准主要起草人:朱德峰、陈惠哲、徐一成、张卫星、王成川、张玉屏、向镜、杨志强。

水稻机插钵形毯状育秧盘

1 范围

本标准规定了水稻机插钵形毯状育秧盘的术语和定义、产品分类与规格、技术要求、检验方法、检验和判定、包装运输和储存。

本标准适用于以聚丙烯（PP）、聚氯乙烯（PVC）为原料生产的水稻机插钵形毯状育秧盘规格及质量。

2 规范性引用文件

下列文件对于本文件的应用是必不可少的。凡是注日期的引用文件，仅注日期的版本适用于本文件。凡是不注日期的引用文件，其最新版本（包括所有的修改单）适用于本文件。

GB/T 191 包装储运图示标志

GB/T 1040.3 塑料 拉伸性能的测定

GB/T 6672—2001 塑料薄膜和薄片厚度测定 机械测量法

NY/T 390 水稻育秧塑料钵体软盘

3 术语和定义

下列术语和定义适用于本文件。

3.1

钵形毯状育秧盘 pot-mat tray

适于插秧机定量取秧机插的在底部有一组纵横排列的有规律的钵碗，四周有一定高度边框的育秧盘的总称。

3.2

钵碗 pot bowl

钵形毯状育秧盘底部形成的凹穴，其上口径大于底径，类似于钵碗形状。

3.3

钵碗深度 depth of pot bowl

钵形毯状育秧盘钵碗底部至钵口的垂直高度。

4 产品分类

水稻机插钵形毯状育秧盘按材料分为钵形毯状育秧硬盘和钵形毯状育秧软盘两类，钵形毯状育秧硬盘采用 PP 材料注塑成型，钵形毯状育秧软盘采用 PVC 薄片热压或吸塑成型。

5 产品规格

5.1 规格划分

水稻机插钵形毯状育秧盘按秧盘尺寸中的内径宽度分为 280 mm 和 230 mm 两种尺寸；按秧盘横向钵碗数量分为 20、18、16 和 14 四个系列。水稻机插钵形毯状育秧盘的规格标示由 4 部分组成：

第一部分指钵形毯状育秧盘的总称，用字母 BT 表示。

第二部分指秧盘的材质，硬盘用字母 Y 表示，软盘用字母 R 表示。

第三部分指秧盘的内径宽度，宽度 280 mm（适合 30 cm 行距插秧机）的秧盘用阿拉伯数字 280 表示,宽度230 mm(适合25 cm行距插秧机)的秧盘用阿拉伯数字230表示。

第四部分指秧盘横向钵碗数,用阿拉伯数字表示。

5.2 规格标示规则

水稻机插钵形毯状育秧盘按下列格式标示。示例:

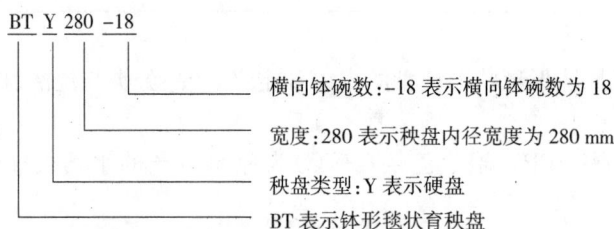

```
BT Y 280 -18
```

横向钵碗数:-18表示横向钵碗数为18

宽度:280表示秧盘内径宽度为280 mm

秧盘类型:Y表示硬盘

BT表示钵形毯状育秧盘

内径宽度280 mm横向钵碗数为20的钵形毯状育秧硬盘的规格标示为BTY 280 - 20,内径宽度230 mm横向钵碗数为16的钵形毯状育秧软盘的规格标示为BTR 230 - 16。

5.3 规格定型

本标准规定了12种水稻机插钵形毯状育秧盘,其中6种硬盘、6种软盘(见表1)。

表1 水稻机插钵形毯状育秧盘的规格及标示

类别	规格标示	内径尺寸 (长×宽)mm	横向钵碗数 个
硬盘	BTY280 - 20	280×580	20
	BTY280 - 18	280×580	18
	BTY280 - 16	280×580	16
	BTY280 - 14	280×580	14
	BTY230 - 16	230×580	16
	BTY230 - 14	230×580	14
软盘	BTR280 - 20	280×580	20
	BTR280 - 18	280×580	18
	BTR280 - 16	280×580	16
	BTR280 - 14	280×580	14
	BTR230 - 16	230×580	16
	BTR230 - 14	230×580	14

6 技术要求

6.1 外观

钵形毯状育秧盘要求成品完整、形状端正,无裂痕,无明显翘曲变形,钵碗形状要求端正,均匀一致,无残缺。制作软盘的PVC材质要求浅色透明、不浑浊。

6.2 秧盘规格

6.2.1 内部长度、宽度和高度

钵形毯状育秧盘内部的宽度、长度和高度应符合表2的要求。

表2 水稻机插钵形毯状育秧盘内径宽度、长度和高度

秧盘规格	内径宽度 mm	内径长度 mm	高度 mm
280	278～280	580±2	25～28
230	228～230	580±2	25～28

6.2.2 钵碗数量

钵形毯状育秧盘内部的钵碗数应符合表3的要求。

表3 水稻机插钵形毯状育秧盘内部的钵碗数

秧盘规格	钵碗总数,个	横向钵碗数,个	纵向钵碗数,个
BTY280-20	720	20	36
BTY280-18	648	18	36
BTY280-16	596	16	36
BTY280-14	448	14	32
BTY230-16	576	16	36
BTY230-14	504	14	36
BTR280-20	720	20	36
BTR280-18	648	18	36
BTR280-16	596	16	36
BTR280-14	448	14	32
BTR230-16	576	16	36
BTR230-14	504	14	36

6.2.3 钵碗尺寸和深度

钵形毯状育秧盘内部的钵碗尺寸、深度应符合表4的要求。

表4 水稻机插钵形毯状育秧盘内部的钵碗尺寸及深度

秧盘规格	钵碗间距,mm		钵碗口径,mm		钵碗深度,mm
	横向	纵向	上口径	底径	
BTY280-20	14.0±1.0	16.0±1.0	≥12.5	≥9.0	≥7
BTY280-18	15.6±1.0	16.0±1.0	≥14.0	≥10.5	≥7
BTY280-16	17.5±1.0	16.0±1.0	≥15.0	≥11.0	≥7
BTY280-14	20.0±1.0	17.9±1.0	≥16.5	≥13.0	≥7
BTY230-16	14.4±1.0	16.0±1.0	≥13.0	≥9.0	≥7
BTY230-14	16.4±1.0	16.0±1.0	≥14.5	≥11.0	≥7
BTR280-20	14.0±1.0	16.0±1.0	≥12.5	≥8.0	≥7
BTR280-18	15.6±1.0	16.0±1.0	≥14.0	≥9.5	≥7
BTR280-16	17.5±1.0	16.0±1.0	≥15.0	≥10	≥7
BTR280-14	20.0±1.0	18.1±1.0	≥16.5	≥10	≥7
BTR230-16	14.4±1.0	16.0±1.0	≥13.0	≥10	≥7
BTR230-14	16.4±1.0	16.0±1.0	≥14.5	≥10	≥7

6.3 材料厚度

钵形毯状育秧盘的材料厚度应符合表5的要求。

表5 水稻机插钵形毯状育秧盘的材料厚度

类型	边壁 mm	钵底 mm
硬盘	1.20~1.60	1.15~1.60
软盘	≥0.12	≥0.11

6.4 秧盘重量

钵形毯状育秧盘的重量应符合表6的要求。

表 6　水稻机插钵形毯状秧盘的重量

单位为克每盘

类型	280	230
硬盘	520～620	430～510
软盘	45～55	35～45

6.5　钵碗破损率

钵形毯状育秧盘的钵碗破损率应符合硬盘≤0.5％、软盘≤2.0％的要求。

6.6　渗水孔

钵形毯状育秧盘每个钵碗的底部要求有渗水孔,渗水孔径2.0 mm～3.5 mm。硬盘的钵碗通孔率要求达到99.5％,软盘钵碗通孔率要求达到99.0％。

6.7　物理性能

6.7.1　耐折性

钵形毯状育秧盘应符合耐折性的要求,在扭折检测时周边保持不破为合格。

6.7.2　拉断力和抗压力

钵形毯状育秧盘的拉断力和抗压力应符合表7的要求。

表 7　水稻机插钵形毯状育秧盘的拉断力和抗压力

类型	拉断力,N	抗压力,N
硬盘	—	≥1 100
软盘	≥250	≥800

6.7.3　耐冲击性能

钵形毯状育秧硬盘耐冲击性能应符合要求,硬盘在5 kg平底钢制圆柱体从1 m高度自由落体冲击下所冲击部位的周边不破。

6.7.4　耐热性能

钵形毯状育秧盘应符合耐热性要求,软盘在45℃的温度下2 h、硬盘在50℃的温度下3 h,不应软化变形。

6.7.5　耐低温性能

钵形毯状育秧盘应符合耐低温要求,在−20℃的低温下持续2 h,不应有脆裂痕。

7　检验方法

7.1　外观品质

在自然光下随机抽取目测秧盘的外观品质。

7.2　重量

随机抽取秧盘,用精度为0.1 g的电子天平称其重量,计算出每张秧盘的重量。

7.3　规格尺寸

分别选用钢直尺和分度值为0.01 mm的游标卡尺,测量秧盘的内径宽度、内径长度、高度,在秧盘四个周边及中部各选2个钵碗,测量钵碗尺寸、深度,计算平均值。

7.4　厚度

按照GB/T 6672—2001的规定检测。在测量秧盘厚度时,分别在秧盘的4个周边及中部各取2个点,共10个点测量厚度,取其平均值。

7.5　钵碗破损率

钵碗破损率以I_b表示,按式(1)计算。

$$I_b = \frac{N_b}{T} \times 100 \quad \cdots\cdots\cdots\cdots\cdots\cdots\cdots\cdots\cdots\cdots\cdots\cdots\cdots\cdots (1)$$

式中：

N_b——秧盘中破孔钵碗的数量；

T ——秧盘所含的钵碗总数量。

计算结果保留小数点后 1 位有效数字。

7.6 渗水孔

检查每个钵碗是否有渗水孔，钵碗通孔率以 I_t 表示，按式（2）计算。

$$I_t = \frac{N_p}{T} \times 100 \quad \cdots\cdots\cdots\cdots\cdots\cdots\cdots\cdots\cdots\cdots\cdots\cdots\cdots\cdots (2)$$

式中：

N_p——秧盘中有渗水孔的钵碗个数；

T ——秧盘所含的钵碗总数量。

计算结果保留小数点后 1 位有效数字。

7.7 耐折性

7.7.1 硬盘耐折性

按住硬盘长度方向的两边上下对角向内扭折 30°，秧盘的四边边角部位不破为合格。

7.7.2 软盘耐折性

按住软盘长度方向的两边以正方连续对折 20 次，秧盘任何部位不出现 1 mm 以上裂痕为合格。

7.8 拉断力

按照 GB/T 1040.3 和 NY/T 390 规定的方法测试拉断力。测定在万能试验机上进行。测试时，将秧盘套入特制的钵体夹具中，紧固件固定。以试验速度为 200 mm/min 速度拉伸，直至秧盘拉断为止，读取最高数量，单位为 N。

7.9 抗压力

7.9.1 硬盘抗压力

压力试验机测定钵形毯状硬盘的抗压力。取硬盘 1 个，正面朝上，水平放置在静压测试台。每张硬盘分 4 次，分别对硬盘的 4 个角进行相同的测试。测试台压角所对位置为硬盘长和宽所交汇的直角部位；测试面积为以直角为中心，每边包含长度为 5 cm。缓慢增加压力，以被测物开始变形的压力数据为准。

7.9.2 软盘抗压力

压力试验机测定钵形毯状育秧软盘的抗压力。测试台压角是 1 个直边为 5 cm 的等腰直角三角形，直角边覆盖所对位置，取盘的一半，放在两块钢板之间，钢板的长×宽×厚为 35 mm×35 mm×3 mm，以 50 mm/min 的速度将盘压缩至秧盘高度的 50%，取最高数的平均值，单位为 N。同时，观察秧盘是否有破裂。

7.10 耐冲击性能

在自然条件下试验，取硬盘水平放置在平整的钢板上，以 5 kg 直径为 40 mm 的平底铁制圆柱，以 1 m 的高度，垂直自由落体，冲击硬盘中心部位。目测其所冲击部位的周边不破，为耐冲击合格。

7.11 耐高温测试

将钵形毯状育秧盘置于干燥恒温箱中，在 45℃ 的温度下放置 2 h 后取出，迅速观察是否有扭曲变形或皱缩。

7.12 耐低温测试

将钵形毯状育秧盘置于低温箱中，在 -20℃ 的温度下放置 2 h 后取出，检查其是否有脆裂痕。脆裂长度超过 1 mm 的为脆裂痕,每盘有 5 个以上视为有脆裂。

8 检验及判定

8.1 组批
同设备、同配方的生产材料、同规格的产品为一批。

8.2 检验
每批产品出厂应由生产厂家的质检部门,根据批次数量的大小,随机抽取 100 张进行各项质量要求的检验。出厂检验的项目应包括外观、规格、厚度、质量、破损率、渗水孔,以及耐折性、拉断力和抗压力、抗冲击、耐热、耐低温的物理性能。并做好检测记录。

8.3 判定规则
产品检测的项目全部合格,即该样单个产品为合格产品,整批样品合格率要求在 95% 以上。检测合格的产品才能出厂。

9 包装、运输和贮存

9.1 包装

9.1.1 包装要求
水稻机插钵形毯状育秧盘用纸箱包装,箱的 4 周用打包带打井字封固。

9.1.2 装箱附件
包装箱内必须装有产品检验合格证、产品使用说明书。

9.1.3 箱体及产品标识
钵形毯状育秧盘上应有制造厂家的名称或产品专用标志。包装箱的标志应有以下内容:产品标记、规格、型号、制造厂家的名称和地址、电话,数量,生产日期,净重,体积,执行标准代号。包装储运图示标志应符合 GB/T 191 的规定要求。

9.2 运输装卸
钵形毯状育秧盘运输装卸应按照包装箱上的标记小心轻放,严禁翻滚、撞压。

9.3 储存保养
水稻机插钵形毯状育秧盘应贮存在阴凉、通风、避光的库房内,严禁露天堆放、日晒雨淋。秧盘使用后,及时清洗、阴干(风干),避免太阳暴晒,要整齐放置,顶部应有重物覆盖,以防变形,冬季做好低温防护。

ICS 65.060.01
B 90

NY

中华人民共和国农业行业标准

NY/T 2704—2015

机械化起垄全铺膜作业技术规范

Technical specifications of operation for mechanized ridge forming and whole film
mulching

2015-02-09 发布

2015-05-01 实施

中华人民共和国农业部 发布

前　言

本标准按照 GB/T 1.1—2009 给出的规则起草。

本标准由农业部农业机械化管理司提出。

本标准由全国农业机械标准化技术委员会农业机械化分技术委员会(SAC/TC 201/SC 2)归口。

本标准起草单位:甘肃省农业机械化技术推广总站、甘肃省定西市农业机械技术推广站、甘肃省庆阳市农业机械技术推广站、甘肃省平凉市农业机械技术推广站、兰州农源农机有限公司。

本标准主要起草人:安世才、王赟、张中锋、张勇、刘鹏霞、韩心宇、张军、杨汉卿、张向波。

机械化起垄全铺膜作业技术规范

1 范围

本标准规定了机械化起垄全铺膜的作业条件、作业准备、作业要求和安全要求。

本标准适用于旱作区玉米沟播前机械化开沟、起垄、喷药、施肥、全铺膜和覆土联合作业。

2 规范性引用文件

下列文件对于本文件的应用是必不可少的。凡是注日期的引用文件，仅注日期的版本适用于本文件。凡是不注日期的引用文件，其最新版本（包括所有的修改单）适用于本文件。

GB 13735—1992 聚乙烯吹塑农用地面覆盖薄膜

JB/T 7732 铺膜播种机

NY/T 986 铺膜机 作业质量

3 作业条件

3.1 作业地块土壤含水率应不大于16%，坡度应不大于5%。

3.2 作业地块地表应平整，耕深应符合农艺要求，200 mm耕层内的土壤应细碎，地表土块最大长度不大于30 mm。

3.3 作业地块不应有尺寸大于100 mm的作物残茬、杂草等杂物。

3.4 作业时，风速应不大于3 m/s。

3.5 起垄全铺膜作业机具应符合JB/T 7732规定的要求。配套动力应合理，技术状态良好，各操纵机构灵活可靠。

3.6 使用的农药、化肥应符合作业机具使用说明书的要求。

3.7 应按要求配备操作人员和辅助人员。操作人员应经过技术培训，熟悉安全作业要求、机具性能、调整使用方法及农艺要求；辅助人员应具备基本的作业知识和安全常识。

4 作业准备

4.1 根据作业地块形状和大小，规划好作业路线。

4.2 应备足作业和维护保养所需的燃油、润滑油（脂）、常用零配件、水和常用工具等。

4.3 应按使用说明书要求连接并调整机组。

4.4 按农艺要求调整好垄宽、垄高、施肥量和喷药量。

4.5 按施药量、施肥量、地膜用量，确定加药、加肥及换装膜卷的位置。

4.6 作业开始前，机组以使用说明书规定的作业速度试作业20 m，必要时对机组进行相应调整，至作业状态正常后开始作业。

5 作业要求

5.1 观察周围情况，确认安全后按梭式作业路线起步作业。

5.2 作业时应按作业机具使用说明书规定的作业速度进行作业，避免中途停机、变速。

5.3 作业过程中应保证药箱内药液充足，喷药机构工作正常，发生堵塞时应及时清理。

5.4 作业过程中应保证肥料箱内肥料充足,施肥机构工作正常,发生堵塞时应及时清理。

5.5 地膜应符合 GB 13735—1992 中第 4 章的规定。膜厚一般不小于 0.008 mm,幅宽应比垄(畦)面宽 200 mm～300 mm。

5.6 机组在地头转弯或田间转移时,应断开动力,切断地膜,将机具置于升起状态,慢速行驶。

5.7 作业过程中发现异常及故障时,应及时停车检查排除。

5.8 作业质量应按照 NY/T 986 规定的要求检查。

6 安全要求

6.1 作业、转移和地头转弯时,机具上不得站人,并应避开行人和障碍物。不得将手脚伸入机组工作区域,不应使与作业无关人员靠近作业机组。

6.2 加药、加肥、换装膜卷、清除堵塞杂物时,应停机熄火,将机具置于升起状态并稳定支撑。

6.3 机具检查调整时,应断开动力并停机熄火。

6.4 机组在田间停驻时,应确保可靠制动。

ICS 65.060.99
B 91

NY

中华人民共和国农业行业标准

NY/T 2705—2015

生物质燃料成型机　质量评价技术规范

Technical specifications of quality evaluation for biomass fuel molding machines

2015-02-09 发布　　　　　　　　　　　　　　2015-05-01 实施

中华人民共和国农业部 发布

前　言

本标准按照 GB/T 1.1—2009 给出的规则起草。

本标准由农业部农业机械化管理司提出。

本标准由全国农业机械标准化技术委员会农业机械化分技术委员会(SAC/TC 201/SC 2)归口。

本标准起草单位:江苏省农业机械试验鉴定站、江苏圆通农机科技有限公司、南通天擎机械有限责任公司。

本标准主要起草人:卢建强、刘炬、卞兆娟、陶雷、张婕、姚勇、季赟。

生物质燃料成型机 质量评价技术规范

1 范围

本标准规定了生物质燃料成型机的质量要求、检测方法和检验规则。

本标准适用于以农作物秸秆、林业废弃物等生物质为主要原料进行成型燃料生产的生物质燃料成型机(以下简称成型机)的质量评价,碳化致密成型机等其他类型产品的质量评价可参照执行。

2 规范性引用文件

下列文件对于本文件的应用是必不可少的。凡是注日期的引用文件,仅注日期的版本适用于本文件。凡是不注日期的引用文件,其最新版本(包括所有的修改单)适用于本文件。

GB/T 2828.11—2008 计数抽样检验程序 第 11 部分:小总体声称质量水平的评定程序

GB/T 3098.1 紧固件性能 螺栓、螺钉和螺柱

GB/T 3098.2 紧固件性能 螺母 粗牙螺纹

GB/T 3768 声学 声压法测定噪声源声功率级 反射面上方采用包络测量表面的简易法

GB/T 5667 农业机械 生产试验方法

GB/T 9480 农林拖拉机和机械、草坪和园艺动力机械 使用说明书编写规则

GB 10395.1 农林机械 安全 第 1 部分:总则

GB 10396 农林拖拉机和机械、草坪和园艺动力机械 安全标志和危险图形 总则

GB/T 13306 标牌

JB/T 5161—2013 颗粒饲料压制机

JB/T 5673—1991 农林拖拉机及机具 涂漆 通用技术条件

JB/T 9832.2—1999 农林拖拉机及机具 漆膜 附着性能测定方法 压切法

3 术语和定义

下列术语和定义适用于本文件。

3.1

粒状成品 granular products

直径或横截面尺寸不大于 25 mm 的成型燃料。

3.2

棒状成品 rod-like products

直径大于 25 mm 的圆柱状成型燃料。

3.3

块状成品 block products

横截面尺寸大于 25 mm 的块状成型燃料。

4 基本要求

4.1 质量评价所需的文件资料

对成型机进行质量评价所需文件资料应包括:

a) 产品规格确认表(见附录 A);

b) 企业产品执行标准或产品制造验收技术条件;

c) 产品使用说明书；

d) 三包凭证；

e) 成型机照片(正前方、正后方、正前方45°各1张)。

4.2 主要技术参数核对与测量

对样机的主要技术参数按照表1进行核对或测量,确认样机与技术文件规定的一致性。

表 1 核测项目与方法

序号	项目	方法
1	规格型号	核对
2	结构型式	核对
3	外形尺寸(长×宽×高),mm	测量
4	配套动力,kW	核对
5	生产率,t/h	测量
6	整机质量,kg	测量
7	成型孔尺寸,mm	测量
8	成型孔数量,个	核对

4.3 试验条件

4.3.1 试验场地和样机的安装应满足测定需要,试验样机应处于良好的技术状态。

4.3.2 试验样机应按使用说明书的要求进行操作、调整和维护保养。

4.3.3 试验物料含水率和物料尺寸特征应符合成型机使用说明书的要求。

4.3.4 试验环境温度应符合成型机使用说明书的要求。

4.3.5 成型机试验前进行不少于30 min的空运转后开始添加物料,工作10 min后,开始取样测定。试验中电动机的平均负荷应为额定功率的75%～110%。

4.4 主要仪器设备

试验用仪器设备应检定或校准合格并在有效期内。被测参数准确度要求应不低于表2的规定。

表 2 主要试验用仪器设备测量范围和准确度要求

序号	被测参数	测量范围	测量准确度要求
1	时间	0 h～24 h	1 s/d
2	长度	0 m～5 m	1 mm
		≥5 m	1 cm
3	质量	0 g～2 000 g	0.01 g
		0 kg～100 kg	50 g
4	噪声	30 dB(A)～130 dB(A)	2级
5	温度	−30℃～+400℃	1.5℃
6	电阻	0 MΩ～100 MΩ	10%
7	环境湿度	0%～90%	5%
8	硬度	20 HRC～70 HRC	0.5 HRC
9	扭紧力矩	0 N·m～550 N·m	3级

5 质量要求

5.1 性能要求

成型机的主要性能指标应符合表3的规定。

表3 主要性能指标要求

序号	项目		评价指标		
			稻秸秆	麦秸秆[a]	玉米秸秆
1	吨料电耗,(kW·h)/t	粒状	≤90	≤90	≤90
		棒状	≤40	≤45	≤35
		块状	≤30	≤35	≤25
2	工作噪声,dB(A)	主电机功率≤37 kW	≤90	≤90	≤90
		37 kW＜主电机功率≤160 kW	≤95	≤95	≤95
		主电机功率＞160 kW	≤100	≤100	≤100
3	粉尘浓度,mg/m³		≤10	≤10	≤10
4	成品密度,g/cm³	粒状	0.9～1.5	0.8～1.5	0.9～1.5
		棒状	0.6～1.3	0.6～1.2	0.6～1.3
		块状	0.5～1.2	0.5～1.0	0.5～1.2
5	成型率,%	粒状	≥85	≥80	≥90
		棒状	≥90	≥85	≥90
		块状	≥85	≥80	≥85
6	生产率,t/h		符合企业明示值		
注:其他农作物秸秆和农、林废弃物性能指标可参照稻秸秆执行。					
[a] 当原料为稻、麦秸秆混合料时,混合料中稻、麦秸秆比例不小于75%,其他易成型秸秆比例不大于25%。					

5.2 安全要求

5.2.1 成型机的安全技术要求应符合 GB 10395.1 的规定。

5.2.2 成型机的外露回转件、高温点应有防护装置。成型机应配备过载保护装置和防止金属异物进入成型机内的保护装置。

5.2.3 在常态下,电源输入端和强电回路对电控柜外壳(地)的绝缘电阻应不小于2 MΩ。

5.2.4 对操作人员容易产生危险或有潜在危险的部位,应有安全警示标志,警示标志应符合 GB 10396 的规定。安全标志应在使用说明书中再现并说明粘贴位置。

5.3 装配质量

5.3.1 轴承径向间隙合理,润滑良好,空运转试验后轴承温升应不大于25℃。

5.3.2 所有紧固件应装配牢固,不得有松动、脱落现象;地脚螺母应有可靠的防松措施。

5.3.3 主要紧固件强度等级应满足螺栓不低于 GB/T 3098.1 中规定的8.8级、螺母不低于 GB/T 3098.2 中规定的8级要求。

5.3.4 成型机应进行空运转试验,时间不少于30 min:

 a) 成型机运行应平稳可靠,各运动部件应运转灵活,不得有卡阻、卡滞、异常声响和异常振动等现象;

 b) 各密封连接处无漏油现象;

 c) 电器设备动作正确,保护安全可靠。

5.4 外观质量

5.4.1 铸件应清除粘沙和其他杂物,表面应平整光洁。未加工表面的毛刺、浇口应打磨修平。钢、铁铸件须涂防锈底漆。

5.4.2 焊接件焊合应牢固,所有焊缝应平整、均匀。不允许有漏焊、未焊透、夹渣、裂纹或穿孔等缺陷,并应清除焊渣。

5.5 涂漆质量

5.5.1 油漆应符合 JB/T 5673—1991 规定中的普通耐候涂层的质量要求。

5.5.2 漆膜附着力按照 JB/T 9832.2—1999 的规定检查3处,均应达到Ⅱ级以上。

5.6 操作方便性

5.6.1 调整、更换零部件应方便。

5.6.2 操纵装置应正确到位。

5.6.3 保养点设置应合理,便于操作。

5.6.4 各种辅助设施装、拆应方便。

5.7 使用有效度

成型机使用有效度不低于95%。

5.8 使用说明书

使用说明书的编制应符合GB/T 9480的规定,且应至少包括以下内容:

a) 安全警示标志、标识的样式,明确表示粘贴位置;

b) 主要用途和适用范围;

c) 主要技术参数;

d) 正确的安装与调试方法;

e) 操作方法;

f) 安全注意事项;

g) 维护与保养要求;

h) 常见故障及排除方法;

i) 易损件清单;

j) 产品执行标准。

5.9 三包凭证

成型机应有三包凭证,三包凭证应包括以下内容:

a) 产品品牌(如有)、型号规格、购买日期、产品编号;

b) 生产者名称、联系地址、电话、邮政编码;

c) 销售者和修理者的名称、联系地址、电话;

d) 三包项目;

e) 三包有效期(包括整机三包有效期,主要部件质量保证期以及易损件和其他零部件质量保证期,其中整机三包有效期和主要部件质量保证期不得少于1年);

f) 主要零部件名称;

g) 销售记录(包括销售者、销售地点、销售日期、购机发票号码);

h) 修理记录(包括送修时间、交货时间、送修故障、修理情况、退换货证明);

i) 不承担三包责任的情况说明。

5.10 铭牌

5.10.1 在产品醒目的部位设置永久性铭牌,其规格应符合GB/T 13306的规定。

5.10.2 铭牌应至少包括以下内容:产品型号、产品名称、配套功率、外形尺寸、整机质量、出厂编号、出厂日期、制造单位、地址。

5.11 关键零部件质量

5.11.1 关键零部件包括安全件、主传动轴、传动齿轮、箱体、成型模块或压膜、压辊等。

5.11.2 成型模块及环模表面硬度≥50 HRC;压辊表面硬度为45 HRC~50 HRC。

5.11.3 关键零部件检验项次合格率不低于90%。

6 检测方法

6.1 生产率和吨料电耗测定

在成型机出料口处,每隔 10 min 取样 1 次;取样时间不少于 5 min,共接取 3 次;分别称量接取的成品质量。吨料电耗测定与生产率测定同时进行,时间应不少于 20 min,同时累计耗电量和测试时间。按式(1)计算生产率,按式(2)计算吨料电耗。

$$E = \frac{60 \times M}{T_C} \times \frac{1-h}{1-0.14} \quad \cdots\cdots\cdots\cdots\cdots\cdots (1)$$

式中:

E ——生产率,单位为千克每小时(kg/h);

M ——接取成品质量,单位为千克(kg);

h ——成品含水率,单位为百分率(%);

T_C——接取时间,单位为分钟(min)。

$$Q = 60000 \times \frac{N}{T \times E} \quad \cdots\cdots\cdots\cdots\cdots\cdots (2)$$

式中:

Q——吨料电耗,单位为千瓦时每吨[(kW·h)/t];

N——耗电量,单位为千瓦时(kW·h);

T——测试时间,单位为分钟(min)。

6.2 成型率测定

6.2.1 颗粒成品成型率

按照 JB/T 5161—2013 中 6.1.4.10 的规定进行测定和计算。

6.2.2 块(棒)形成品成型率

在成型机出口,每隔 10 min 取样 1 次;每次接取不少于 3 kg,接取 3 次。分别称取样品总质量 W_i,选出成品长度小于 15 mm 的不成型样品,并称重 W_{bi},按式(3)计算成型率(X)。

$$X = \frac{\sum\limits_{i=1}^{3} \frac{W_i - W_{bi}}{W_i}}{3} \times 100 \quad \cdots\cdots\cdots\cdots\cdots\cdots (3)$$

式中:

X ——成型率,单位为百分率(%);

W_{bi}——不成型料质量,单位为克(g);

W_i ——样品总质量,单位为克(g)。

6.3 密度测定

按照 JB/T 5161—2013 中 6.1.4.3.3 的规定进行测定,重复 3 次,取平均值。

6.4 粉尘浓度测定

按照 JB/T 5161—2013 中 6.1.4.12 的规定进行测定和计算。

6.5 工作噪声测定

工作噪声测定按照 GB/T 3768 中规定的方法进行。

6.6 轴承温升测定

开机前和空运行试验后,用测温计测定各轴承壳的温度,并计算轴承温升。

6.7 安全要求

6.7.1 绝缘电阻用兆欧表测定。

6.7.2 其他安全要求采用目测法。

6.8 装配质量

检查样机是否符合本标准 5.3 条的要求。

6.9 外观质量

检查样机是否符合本标准 5.4 条的要求。

6.10 涂漆质量

检查样机是否符合本标准 5.5 条的要求。

6.11 操作方便性

检查样机是否符合本标准 5.6 条的要求。

6.12 使用有效度

按照 GB/T 5667 的规定进行使用有效度考核。考核期间对样机进行不少于连续 3 个班次的查定，每个班次作业时间为 6 h。使用有效度按式(4)计算。

$$K = \frac{\sum T_z}{\sum T_g + \sum T_z} \times 100 \quad\cdots\cdots\cdots\cdots\cdots\cdots\cdots\cdots\cdots\cdots (4)$$

式中：

K——使用可靠性有效度，单位为百分率(%)；

T_z——生产考核期间的班次作业时间，单位为小时(h)；

T_g——生产考核期间每班次故障时间，单位为小时(h)。

6.13 使用说明书

审查使用说明书是否符合本标准 5.8 条的要求。

6.14 三包凭证

审查三包凭证是否符合本标准 5.9 条的要求。

6.15 铭牌

审查铭牌是否符合本标准 5.10 条的要求。

6.16 关键零部件质量

6.16.1 零部件样品从工厂零部件仓库的合格品区随机抽取，零部件种类不少于 3 类；每种零部件抽取 3 件，抽样基数不少于 10 件。

6.16.2 测量内容应包括尺寸公差、形位公差、机械物理性能等。计算项次合格率。

7 检验规则

7.1 抽样方案

抽样方案按照 GB/T 2828.11—2008 制定中表 B.1 的要求，见表 4。

表 4 抽样方案

检验水平	O
声称质量水平(DQL)	1
检查总体(N)	10
样本量(n)	1
不合格品限定数(L)	0

7.2 抽样方法

根据抽样方案确定，抽样基数为 10 台，被抽样品为 1 台。样品在制造单位生产的合格产品中，或销售部门待售的产品中，或在产品的用户中随机抽取，被抽样品应是近一年生产的产品。

7.3 不合格分类

不合格项目按其对产品质量的影响程度，分为 A、B、C 三类，A 类为对产品质量有重大影响的项目，B 类为对产品质量有较大影响的项目，C 类为对产品质量影响一般的项目。检验项目及不合格分类见表 5。

表 5　不合格项目分类

不合格分类		检验项目	对应的质量要求的条款号
类别	序号		
A	1	安全要求	5.2
	2	成型率	5.1
	3	工作噪声	5.1
	4	使用有效度	5.7
B	1	生产率	5.1
	2	吨料电耗	5.1
	3	粉尘浓度	5.1
	4	成品密度	5.1
	5	主要紧固件强度等级	5.3.3
	6	主要零部件检测项次合格率	5.11.3
C	1	轴承温升	5.3.1
	2	装配质量	5.3
	3	操作方便性	5.6
	4	外观质量	5.4
	5	涂漆质量	5.5
	6	使用说明书	5.8
	7	三包凭证	5.9

7.4　判定规则

7.4.1　样品合格判定

对样品的 A、B、C 各类检验项目进行逐一检验和判定,当 A 类不合格项目数为 0(即 A=0)、B 类不合格项目数不超过 1(即 B≤1)、C 类不合格项目数不超过 2(即 C≤2)时,判定样品为合格产品;否则判定样品为不合格产品。

7.4.2　综合判定

若样品为合格产品(即样品的不合格产品数不大于不合格产品限定数),则判通过;若样品为不合格产品(即样品的不合格产品数大于不合格产品限定数),则判不通过。

附　录　A
（规范性附录）
产品规格确认表

产品规格确认见表 A.1。

表 A.1　产品规格确认表

序号	项目		单位	规格
1	型号		/	
2	结构型式		/	
3	外形尺寸		mm	
4	整机质量		kg	
5	主电机功率		kW	
6	主轴转速		r/min	
7	生产能力		kg/h	
8	成品密度		g/cm³	
9	压模	压模型式	/	
		压模内径	mm	
		模块个数	个	
		模孔尺寸	mm	
		模孔数量	只	
10	压轮（压辊）	直径	mm	
		数量	只	

ICS 65.060.50
B 91

NY

中华人民共和国农业行业标准

NY/T 2706—2015

马铃薯打秧机 质量评价技术规范

Technical specifications of quality evaluation for potato vine removing machines

2015-02-09 发布　　　　　　　　　　　　　　2015-05-01 实施

中华人民共和国农业部 发布

前　言

本标准按照 GB/T 1.1—2009 给出的规则起草。

本标准由农业部农业机械化管理司提出。

本标准由全国农业机械标准化技术委员会农业机械化分技术委员会(SAC/TC 201/SC 2)归口。

本标准起草单位:内蒙古自治区农牧业机械试验鉴定站。

本标准主要起草人:王强、周风林、王海军。

马铃薯打秧机　质量评价技术规范

1　范围

本标准规定了马铃薯打秧机的质量要求、检测方法和检验规则。

本标准适用于与拖拉机配套的马铃薯打秧机(以下简称打秧机)的质量评定。

2　规范性引用文件

下列文件对于本文件的应用是必不可少的。凡是注日期的引用文件,仅注日期的版本适用于本文件。凡是不注日期的引用文件,其最新版本(包括所有的修改单)适用于本文件。

GB/T 2828.11—2008　计数抽样检验程序　第 11 部分:小总体声称质量水平的评定程序

GB/T 5262　农业机械试验条件　测定方法的一般规定

GB/T 5667　农业机械　生产试验方法

GB/T 9239.1—2006　机械振动　恒态(刚性)转子平衡品质要求　第 1 部分:规范与平衡允差的检验

GB/T 9480　农林拖拉机和机械、草坪和园艺动力机械　使用说明书编写规则

GB 10395.1　农林机械　安全　第 1 部分:总则

GB 10395.16—2010　农林机械　安全　第 16 部分:马铃薯收获机

GB 10396　农林拖拉机和机械、草坪和园艺动力机械　安全标志和危险图形　总则

GB/T 13306　标牌

GB 23821　机械安全　防止上下肢触及危险区的安全距离

GB/T 24675.6—2009　保护性耕作机械　秸秆粉碎还田机

JB/T 5673　农林拖拉机及机具　涂漆　通用技术条件

JB/T 9832.2　农林拖拉机及机具　漆膜　附着性能测定方法　压切法

3　术语和定义

下列术语和定义适用于本文件。

3.1

马铃薯打秧机　potato vine removing machine

在马铃薯收获前将马铃薯茎叶打碎的机械。

3.2

伤薯　damaged potato

马铃薯打秧机作业时,表皮或薯肉受到损伤的马铃薯。

4　基本要求

4.1　质量评价所需的文件资料

对打秧机进行质量评价所需文件资料应包括:

a)　产品规格确认表(见附录 A);

b)　企业产品执行标准或产品制造验收技术条件;

c)　产品使用说明书;

d)　三包凭证;

e) 打秧机照片3张(正前方、正后方、正前方45°各1张)。

4.2 主要技术参数核对与测量

对样机的主要技术参数按表1进行核对或测量,确认样机与技术文件规定的一致性。

表1 核测项目与方法

序号	项 目	方法
1	型号	核对
2	结构型式	核对
3	挂接方式	核对
4	配套动力范围,kW	核对
5	工作状态外型尺寸(长×宽×高),mm	测量
6	结构质量,kg	测量
7	工作幅宽,m	测量
8	最小离地间隙,mm	测量
9	刀轴转速,r/min	测量
10	打碎机构最大回转半径,mm	测量
11	打碎机构总安装刀数,把	核对
12	刀轴传动方式	核对
13	打秧刀片型式	核对
14	高度调节装置型式	核对
15	高度调节范围,mm	测量
16	适用行(垄)距,mm	核对
17	适用的垄台宽度,mm	核对

4.3 试验条件

4.3.1 试验用地

试验地应平坦,无障碍物,长度不小于100 m,宽度不小于打秧机工作幅宽的6倍。垄(行)距、垄台宽度应符合样机的适用范围。

4.3.2 试验样机

试验样机应按使用说明书的要求安装并调整到正常工作状态。

4.3.3 试验用动力

根据样机使用说明书的规定选择技术状态良好的试验用动力。试验用动力应选择使用说明书中规定的配套动力范围中最接近下限的动力。

4.3.4 操作人员

试验时应按使用说明书的规定配备操作人员进行操作。操作人员应操作熟练,试验过程中无特殊情况不允许更换操作人员。

4.4 主要仪器设备

试验用仪器设备应检定或校准合格并在有效期内。被测参数准确度要求应不低于表2的规定。

表2 主要试验用仪器设备测量范围和准确度要求

序号	测量参数名称	测量范围	准确度要求
1	长度	≥5 m	1 cm
		0 m～5 m	1 mm
		0 μm～200 μm	1 μm
2	质量	0 kg～6 kg	1 g
3	时间	0 h～24 h	1 s/d
4	温度	0℃～100℃	1℃

表 2（续）

序号	测量参数名称	测量范围	准确度要求
5	环境湿度	0%～90%	5%
6	土壤坚实度	0 MPa～5 MPa	0.01 MPa
7	扭矩	0 N·m～800 N·m	3 级
8	刀片硬度	20 HRC～70 HRC	0.5 HRC
9	转速	0 r/min～3 000 r/min	1 r/min

5 质量要求

5.1 性能要求

打秧机主要性能应符合表 3 的规定。

表 3 性能指标要求

序号	项目	质量指标	对应检测方法条款
1	茎叶打碎长度合格率，%	≥80	6.1.3.1
2	漏打率，%	≤8	6.1.3.2
3	留茬长度，mm	≤150	6.1.3.3
4	伤薯率，%	≤1	6.1.3.4
5	纯工作小时生产率，hm²/h	达到产品明示值	6.1.3.5

5.2 安全要求

5.2.1 安全防护

5.2.1.1 万向节传动轴应有可靠的安全防护装置，防护装置应符合 GB 10395.1 的规定。

5.2.1.2 打秧机刀具的前部、后部、侧面和顶部的防护应符合 GB 10395.16—2010 规定中 4.4.1 的要求。

5.2.1.3 侧边带传动装置应设置可靠的防护罩，防护罩上的孔、网，其缝隙或直径及安全距离应符合 GB 23821 的规定。

5.2.2 安全标志

5.2.2.1 安全标志应符合 GB 10396 的规定。

5.2.2.2 至少含有如下警告标志，描述潜在危险：

    a) 机器前部万向节传动轴可能缠绕身体部位，机器作业或万向节传动轴传动时，人与机器保持安全距离；

    b) 机器后部有飞出物可能冲击整个身体，作业时人与机器保持安全距离；

    c) 机器运转时，不得打开或拆下防护罩。

5.2.2.3 至少含有如下注意标志，描述如下内容：

    a) 操作、保养前请详细阅读使用说明书；

    b) 使用前必须检查刀销轴状况；

    c) 保养时切断动力，并可靠支撑机器。

5.2.2.4 安全使用说明

使用说明书应给出操作和维护保养的安全注意事项。

5.3 装配质量

5.3.1 打秧机的刀轴、齿轮箱承受载荷部位的紧固件强度等级及其拧紧力矩应符合 GB/T 24675.6—2009 中 5.4.2 的要求。

5.3.2 打秧机的刀轴与刀片装配后应进行动平衡试验，平衡精度为 G6.3 级。

5.3.3 在打秧机工作转速范围内空运转 30 min。运转应平稳、转动灵活；各连接件、紧固件不应松动；整机不应有卡、碰、异常响声；轴承座、轴承温升应不大于 25℃；不应有渗、漏油现象。

5.4 涂漆质量

5.4.1 涂漆应符合 JB/T 5673 规定中的普通耐候涂层的质量要求。

5.4.2 漆膜附着力按照 JB/T 9832.2 的规定检查 3 处，均不应低于 II 级。

5.4.3 漆膜厚度不得低于 45 μm。

5.5 外观质量

5.5.1 焊接件的焊缝应牢固、平整，不得有烧穿、夹渣和未焊透等缺陷。

5.5.2 钣金件应光滑、平整，不得有裂纹、起翘、飞边、毛刺、变形和明显影响外观质量的锤痕等现象，咬缝应均匀、牢固。

5.6 操作方便性

5.6.1 各操纵机构应灵活、有效。

5.6.2 保养点应设计合理，便于操作。

5.6.3 易损件的更换应方便。

5.7 使用有效度

打秧机的使用有效度 K_{18h} 应不小于 90%。

注：K_{18h} 是指对打秧机样机进行 18 h 可靠性试验的有效度。

5.8 使用说明书

使用说明书的编制应符合 GB/T 9480 的要求，至少应包括以下内容：

a) 产品特点及主要用途；
b) 安全警示标志并明确其粘贴位置；
c) 安全注意事项；
d) 产品执行标准及主要技术参数；
e) 结构特征及工作原理；
f) 安装、调整和使用方法；
g) 维护和保养说明；
h) 常见故障及排除方法。

5.9 三包凭证

三包凭证至少应包括以下内容：

a) 产品品牌（如有）、型号规格、购买日期、产品编号；
b) 生产者名称、联系地址、电话、邮编；
c) 销售者和修理者的名称、联系地址、电话；
d) 三包项目；
e) 三包有效期（包括整机三包有效期，主要部件质量保证期以及易损件和其他零部件质量保证期，其中整机三包有效期和主要部件质量保证期不得少于一年）；
f) 主要部件名称；
g) 销售记录（包括销售者、销售地点、销售日期、购机发票号码）；
h) 修理记录（包括送修时间、交货时间、送修故障、修理情况、换退货证明）；
i) 不承担三包责任的情况说明。

5.10 铭牌

5.10.1 在产品醒目的位置应有永久性铭牌，其规格应符合 GB/T 13306 的规定。

5.10.2 铭牌至少应包括以下内容：

    a) 产品名称及型号；

    b) 配套动力；

    c) 外形尺寸；

    d) 整机质量；

    e) 产品执行标准；

    f) 出厂编号、日期；

    g) 制造厂名称、地址。

5.11 关键零部件质量要求

打秧机的刀片应经热处理，热处理硬度为 48 HRC～56 HRC。

6 检测方法

6.1 性能试验

6.1.1 一般要求

性能试验应按照使用说明书要求的作业速度全幅宽作业，测定 2 个行程（一个往返），每个行程测区长度不少于 50 m，宽度为机具的幅宽。测区两端应有不少于 20 m 的稳定区。每行程在测区内等间距选取 5 点作为性能测定点，每个性能测定点长度为 2 m，宽度为机器作业幅宽。

6.1.2 试验地调查

按照 GB/T 5262 的规定测定垄高、垄（行）距、垄台宽度、茎叶含水率、土壤含水率、土壤坚实度等项目。

6.1.3 主要性能检测

6.1.3.1 茎叶打碎长度合格率

每个测点内收集所有打碎的茎叶称其质量，再从中挑出打碎长度大于 200 mm 的茎叶称其质量。按式（1）计算每个测点的茎叶打碎长度合格率，结果取 10 个测点的平均值。

$$D_h = \frac{m_y - m_b}{m_y} \times 100 \quad\cdots\cdots\cdots\cdots\cdots\cdots\cdots\cdots\cdots\cdots\cdots\cdots\cdots\cdots\cdots\cdots\cdots\quad (1)$$

式中：

D_h——每个测点的茎叶打碎长度合格率，单位为百分率（%）；

m_y——每个测点内打碎茎叶质量，单位为千克（kg）；

m_b——每个测点内打碎长度大于 200 mm 的茎叶质量，单位为千克（kg）。

6.1.3.2 漏打率

检查测区内茎叶总数和未打到的茎叶数，按式（2）计算漏打率，结果取平均值。

$$L = \frac{Y_l}{Y} \times 100 \quad\cdots\cdots\cdots\cdots\cdots\cdots\cdots\cdots\cdots\cdots\cdots\cdots\cdots\cdots\cdots\cdots\cdots\cdots\cdots\quad (2)$$

式中：

L——漏打率，单位为百分率（%）；

Y_l——测区内未打到茎叶数量，单位为株；

Y——测区内茎叶总数量，单位为株。

6.1.3.3 留茬长度

在每个测点内连续测量 10 个茎叶的长度，结果取平均值。

6.1.3.4 伤薯率

将每个测点内的所有的马铃薯挖出并称其质量，再从中挑出伤薯并称其质量。按式（3）计算每个测点的伤薯率,结果取 10 个测点的平均值。

$$S = \frac{M_s}{M} \times 100 \quad \cdots\cdots\cdots\cdots\cdots\cdots\cdots\cdots\cdots\cdots \quad (3)$$

式中:

S ——每个测点的伤薯率,单位为百分率(%);

M_s——每个测点内伤薯质量,单位为千克(kg);

M ——每个测点内马铃薯总质量,单位为千克(kg)。

6.1.3.5 纯工作小时生产率

在测定马铃薯打秧机使用有效度时,同时测定纯工作小时生产率,按式(4)计算。

$$E = \frac{\sum Q_{cb}}{\sum T_c} \quad \cdots\cdots\cdots\cdots\cdots\cdots\cdots\cdots\cdots\cdots\cdots \quad (4)$$

式中:

E ——纯工作小时生产率,单位为公顷每小时(hm²/h);

Q_{cb}——可靠性考核时班次作业量,单位为公顷(hm²);

T_c ——可靠性考核时班次纯工作时间,单位为小时(h)。

6.2 安全要求检查

安全防护按照 GB 10395.1、GB 10395.16—2010 和 GB 23821 规定的方法进行检查,安全标志采用目测方法检查。

6.3 装配质量检查

6.3.1 用扭矩扳手将刀轴、齿轮箱等处承受载荷的紧固件松开 1/4 圈,再用扭矩扳手拧到原来位置,测定其拧紧力矩。

6.3.2 刀轴(带刀片)在动平衡机上试验,其不平衡量的确定按照 GB/T 9239.1—2006 中 G6.3 级的规定。

6.3.3 空运转 30 min 用目测法观察运转状况。用测温仪测量轴承部位空运转前、后的温度,计算温升。

6.4 涂漆质量检查

涂漆按照 JB/T 5673 的规定进行目测检查,漆膜附着力按照 JB/T 9832.2 中规定的方法检查,漆膜厚度用覆层测厚仪在机具外表面测量 3 点,结果取最小值。

6.5 外观质量检查

用目测法检查。

6.6 操作方便性检查

通过实际操作,观察样机是否符合本标准 5.6 的要求。

6.7 生产试验考核

按照 GB/T 5667 的规定进行可靠性考核,样机考核时间为 18 h。使用有效度按式(5)计算。

$$K_{18h} = \frac{\sum T_z}{\sum T_g + \sum T_z} \times 100 \quad \cdots\cdots\cdots\cdots\cdots\cdots\cdots\cdots \quad (5)$$

式中:

K_{18h}——使用有效度,单位为百分率(%);

T_z ——可靠性考核期间的班次作业时间,单位为小时(h);

T_g ——可靠性考核期间每班次的故障时间,单位为小时(h)。

6.8 使用说明书检查

按照本标准 5.8 的要求逐项检查。

6.9 三包凭证检查

按照本标准5.9的要求逐项检查。

6.10 铭牌检查

目测检查。

6.11 关键零部件质量要求检查

打秧机的刀片硬度按照GB/T 24675.6—2009规定中7.3.5的方法测定。

7 检验规则

7.1 抽样方案

7.1.1 抽样方案按照GB/T 2828.11—2008附录B中表B.1的要求制订。见表4。

表4 抽样方案

检 验 水 平	O
声称质量水平(DQL)	1
核查总体(N)	10
样本量(n)	1
不合格品限定数(L)	0

7.1.2 采用随机抽样,在制造单位6个月内生产的合格产品中或销售部门随机抽取2台。其中1台用于检验,另1台备用。由于非质量原因造成试验无法继续进行时,启用备用样机。抽样基数应不少于10台,市场或使用现场抽样不受此限。

7.2 不合格项目分类

所检测项目不符合本标准第5章质量要求的称为不合格项目,不合格项目按其对产品质量影响的程度分为A、B两类。不合格项目分类见表5。

表5 检验项目及不合格项目分类

不合格项目分类		检验项目	对应质量要求的条款号
项目分类	序号		
A	1	安全要求	5.2
	2	伤薯率	5.1
	3	漏打率	5.1
	4	使用有效度	5.7
B	1	茎叶打碎长度合格率	5.1
	2	留茬长度	5.1
	3	纯工作小时生产率	5.1
	4	装配质量	5.3
	5	涂漆质量	5.4
	6	外观质量	5.5
	7	操作方便性	5.6
	8	使用说明书	5.8
	9	三包凭证	5.9
	10	铭牌	5.10
	11	关键零部件质量要求	5.11

7.3 评定规则

7.3.1 样品合格判定

对样本中A、B各类检验项目逐项考核和判定。当A类不合格项目数为0(即A=0)、B类不合格项目数不超过 1(即 B≤1),判定样品为合格产品,否则判定样品为不合格产品。

7.3.2 综合判定

若样品为合格品(即样品的不合格品数不大于不合格品限定数),则判通过;若样品为不合格品(即样品的不合格品数大于不合格品限定数),则判不通过。

附　录　A
（规范性附录）
产品规格确认表

产品规格确认见表 A.1。

表 A.1　产品规格确认表

序号	项　　目	单位	规格
1	型号	/	
2	结构型式	/	
3	挂接方式	/	
4	配套动力范围	kW	
5	工作状态外型尺寸(长×宽×高)	mm	
6	结构质量	kg	
7	工作幅宽	m	
8	最小离地间隙	mm	
9	刀轴转速	r/min	
10	打碎机构最大回转半径	mm	
11	打碎机构总安装刀数	把	
12	刀轴传动方式	/	
13	打秧刀片型式	/	
14	高度调节装置型式	/	
15	高度调节范围	mm	
16	适用行(垄)距	mm	
17	适用的垄台宽度	mm	

ICS 65.040.30
B 91

NY

中华人民共和国农业行业标准

NY/T 2707—2015

纸质湿帘　质量评价技术规范

Technical specifications of quality evaluation for cooling pad made from cellulose
paper

2015-02-09 发布

2015-05-01 实施

中华人民共和国农业部 发布

前　言

本标准按照 GB/T 1.1—2009 给出的规则起草。

本标准由农业部农业机械化管理司提出并归口。

本标准起草单位:农业部规划设计研究院。

本标准主要起草人:周长吉、丁小明、张秋生、尹义蕾。

纸质湿帘 质量评价技术规范

1 范围

本标准规定了纸质湿帘的质量要求、检测方法和检验规则。

本标准适用于纸质湿帘质量评价。

2 规范性引用文件

下列文件对于本文件的应用是必不可少的。凡是注日期的引用文件,仅注日期的版本适用于本文件。凡是不注日期的引用文件,其最新版本(包括所有的修改单)适用于本文件。

GB/T 2828.4—2008 计数抽样检验程序 第4部分:声称质量水平的评定程序

GB/T 9480 农林拖拉机和机械、草坪和园艺动力机械使用说明书编写规则

GB/T 23393—2009 设施园艺工程术语

NY/T 1967—2010 纸质湿帘性能测试方法

3 术语和定义

GB/T 23393—2009、NY/T 1967—2010 中界定的以及下列术语和定义适用于本文件。

3.1

湿帘 cooling pad

由良好吸水和耐水材料制成,允许气流和水流交叉通过,用于蒸发降温的成型材料。

[GB/T 23393—2009,定义 8.1]

3.2

纸质湿帘 cooling pad made from cellulose paper

由多片波纹纸交错叠放粘合制成的湿帘

注:改写 NY/T 1967—2010,定义 3.2。

3.3

湿帘通风阻力 cooling pad resistance to air flow

在一定过帘风速下,湿帘进风侧与出风侧空气的静压差。

注:改写 NY/T 1967—2010,定义 3.16。

3.4

湿帘换热效率 cooling pad saturation efficiency

在一定过帘风速下,空气通过湿帘前后干球温度的差值与空气通过湿帘前干球温度与湿球温度的差值的比值。

注:改写 GB/T 23393—2009,定义 8.5。

4 基本要求

4.1 质量评价所需的文件资料

对纸质湿帘进行质量评价所需提供的文件资料应包括:

a) 产品规格;

b) 产品执行标准或产品制造验收技术条件;

c) 产品使用说明书;

d) 三包凭证；

e) 产品照片。

4.2 主要技术参数核对与测量

依据产品技术文件,对产品的主要技术参数按表1进行核对或测量。

表 1 核测项目与方法

序号	项目	方法
1	名称	核对
2	规格型号	核对
3	外形尺寸(高度、宽度、厚度)	测量

5 质量要求

5.1 性能要求

5.1.1 结构尺寸

纸质湿帘在自然干燥状态下应符合表2的要求。

表 2 结构尺寸允许偏差

项 目	允许偏差
纸质湿帘高度	±3 mm
纸质湿帘宽度	±5 mm
纸质湿帘厚度	±1 mm
波纹高度	±0.3 mm
波纹角度	±3°
湿帘高度方向表面平整度	±1 mm

5.1.2 质量

纸质湿帘在自然干燥状态下单位体积质量应符合表3的要求。

表 3 单位体积质量允许要求

湿帘规格参数		单位体积质量 kg/m³
波纹高度 mm	波纹夹角 °	
7	60	≥25
7	90	≥25
5	90	≥39

5.1.3 吸水性能

纸质湿帘吸水率不应小于90%。吸水速度不应小于50 mm/10 min。

5.1.4 抗压强度

纸质湿帘抗压强度应符合表4的要求。

表 4 抗压强度要求

规格参数			抗压强度 kPa	
波纹高度 mm	波纹夹角 °	厚度 mm	自然干燥状态	湿饱和状态
7	60	100	≥55	≥30
7	60	150	≥60	≥35

表 4（续）

规格参数			抗压强度 kPa	
波纹高度 mm	波纹夹角 °	厚度 mm	自然干燥状态	湿饱和状态
7	60	200	≥65	≥40
7	60	300	≥70	≥45
7	90	100	≥55	≥30
7	90	150	≥60	≥35
7	90	200	≥65	≥40
7	90	300	≥70	≥45
5	90	50	≥100	≥60
5	90	100	≥120	≥80
5	90	150	≥150	≥85

5.1.5 剥离强度

纸质湿帘剥离强度应符合表5的要求。

表 5 剥离强度要求

规格参数		剥离强度 kPa	
波纹高度 mm	波纹夹角 °	自然干燥状态	湿饱和状态
7	60	≥1.5	≥2.5
7	90	≥1.5	≥2.5
5	90	≥2.5	≥3.0

5.1.6 粘接强度

纸质湿帘在自然干燥状态下和湿饱和状态下测试不应出现开胶。

5.1.7 换热效率

在标准测试工况下,当过帘风速为1m/s时,环境相对湿度低于60%时,换热效率应符合表6的要求。

5.1.8 通风阻力

在标准测试工况下,当过帘风速为1m/s时,环境相对湿度低于60%时,通风阻力应符合表6的要求。

表 6 湿帘换热效率和通风阻力要求

规格参数			指标	
波纹高度 mm	波纹夹角 °	厚度 mm	换热效率 %	通风阻力 Pa
7	60	100	≥60	≤10
7	60	150	≥75	≤15
7	60	200	≥85	≤20
7	60	300	≥90	≤30
7	90	100	≥70	≤10
7	90	150	≥75	≤15
7	90	200	≥85	≤20
7	90	300	≥90	≤30
5	90	50	≥70	≤8
5	90	100	≥80	≤10
5	90	150	≥85	≤15

5.2 使用说明书

使用说明书应按照 GB/T 9480 的要求编写,应包括以下内容:

a) 主要用途和适用范围;
b) 主要技术参数;
c) 正确的运输、安装方法;
d) 维护与保养要求;
e) 产品三包内容;
f) 产品执行标准代号;
g) 环境及有害物质说明。

5.3 三包凭证

三包凭证应符合国家有关部门的规定,并应包括以下内容:

a) 产品名称、规格、型号、出厂编号;
b) 生产企业名称、地址、售后服务联系电话、邮政编码;
c) 三包有效期;
d) 不实行三包的情况说明。

6 检测方法

6.1 结构尺寸

纸质湿帘的结构尺寸测量按照 NY/T 1967—2010 规定中的 5.1 进行。湿帘高度方向表面平整度用 2 m 垂直检测尺和楔形塞尺检查。

6.2 自然干燥状态下单位体积质量

取自然干燥状态下 1 m 高纸质湿帘,用精度为 1 mm 的量具分别测量其长度、宽度和厚度,在精度为 1 g 的仪器上称重,计算单位体积质量。

6.3 吸水率

湿帘的吸水率测试按照 NY/T 1967—2010 规定中的 5.1.3.4 进行。

6.4 吸水速度

取规格为 100 mm×100 mm×100 mm 的纸质湿帘试样。准备平底容器 1 件(确保容器底面积至少可以同时平放湿帘试样),在容器中注入高度为 15 mm 的水。将各湿帘试样同时沿高度方向垂直放置于容器中。观察各湿帘试样块在 10 min 内的吸水情况,记录浸湿高度,计算吸水速度。

6.5 抗压强度

纸质湿帘的抗压强度测试按照 NY/T 1967—2010 规定中的 5.2 进行。

6.6 剥离强度

纸质湿帘的剥离强度测试按照 NY/T 1967—2010 规定中的 5.2 进行。

6.7 粘接强度

取宽度为 300 mm,高度为 500 mm 的湿帘试样,在自然干燥状态下,保持水平状态;下表面距光滑水泥地面 1 m 处自由下落,观察开胶情况。取宽度为 100 mm,高度为 100 mm 的湿帘试样,在沸水锅中煮 2 h 后,观察开胶情况。

6.8 换热效率

纸质湿帘的换热效率测试按照 NY/T 1967—2010 规定中的 5.3 进行。

6.9 通风阻力

纸质湿帘的通风阻力测试按照 NY/T 1967—2010 规定中的 5.3 进行。

7 检验规则

7.1 不合格项目分类

检验项目按其对产品质量影响的程度分为 A、B 两类,分类见表 7。

表 7 检验项目分类

项目分类	序号	项目名称	对应质量要求条款号
A	1	吸水率	5.1.3
	2	吸收速度	5.1.3
	3	自然干燥状态抗压强度	5.1.4
	4	湿饱和状态抗压强度	5.1.4
	5	自然干燥状态剥离强度	5.1.5
	6	湿饱和状态剥离强度	5.1.5
	7	自然干燥状态下的粘接强度	5.1.6
	8	湿饱和状态下的粘接强度	5.1.6
	9	换热效率	5.1.7
	10	通风阻力	5.1.7
B	1	结构尺寸	5.1.1
	2	质量	5.1.2
	3	使用说明书	5.2
	4	三包凭证	5.3

7.2 抽样方案

抽样方案应符合 GB/T 2828.4—2008 规定中的表 1 要求,见表 8。

表 8 抽样方案

项目	指标要求
LQR(极限质量比)水平	O
声称质量水平(DQL)	1.5
核查总体(N)	500
样本量(n)	3
不合格品限定数(L)	0

7.3 抽样方法

根据抽样方案确定,抽样基数为 500 个。样品应是一年内生产的同批次产品,在生产单位成品库中随机抽取样品量 3 件。在用户或者销售部门抽样时,基数不受限制。

7.4 判定规则

7.4.1 判定方法

每个样品按照表 7 中的 A、B 类检验项目进行逐一检验,分别判定抽取的样品是否合格。

7.4.2 合格判定

抽样样品的检验项目不大于不合格品限定数,则判定该样品合格。若样品的 A 类不合格项目数为 0、B 类不合格项目数不超过 1 时,判定该样品为合格产品;否则判定样品为不合格品。

7.4.3 综合判定

若抽取的样品全部合格,则判定该批次产品合格;若抽取的样品中有不合格品,则判定该批次产品不合格。

ICS 65.060.30
B 91

NY

中华人民共和国农业行业标准

NY/T 2709—2015

油菜播种机 作业质量

Operat quality for rape seeders

2015-02-09 发布   2015-05-01 实施

中华人民共和国农业部 发布

前　言

本标准按照 GB/T 1.1—2009 给出的规则起草。

本标准由农业部农业机械化管理司提出。

本标准由全国农业机械标准化技术委员会农业机械化分技术委员会(SAC/TC 201/SC 2)归口。

本标准起草单位：农业部农业机械化技术开发推广总站、华中农业大学、湖北省农机化技术推广总站、武汉黄鹤拖拉机制造有限公司。

本标准主要起草人：赵莹、王超、胡东元、廖庆喜、廖宜涛、汲文峰、任耀武、刘世顺。

油菜播种机　作业质量

1　范围

本标准规定了油菜播种机的作业质量要求、检测方法和检验规则。

本标准适用于油菜播种机作业的质量评定。

2　规范性引用文件

下列文件对于本文件的应用是必不可少的。凡是注日期的引用文件，仅注日期的版本适用于本文件。凡是不注日期的引用文件，其最新版本（包括所有的修改单）适用于本文件。

GB/T 4407.2　经济作物种子　第 2 部分：油料类

3　术语和定义

下列术语和定义适用于本文件。

3.1

油菜播种机　rape seeder

用于大田油菜籽播种的机械，包括油菜条播机、油菜精量播种机、油菜免耕播种机、油菜联合播种机等。

3.2

条播播种　drilling

按规定的行距、播深与播量将种子成条状地播入种沟的播种作业。

3.3

精量播种　precision drilling

按规定的行距、株距与播深将种子单粒精密播入种沟或种穴的播种作业。

3.4

播种量误差率　quantity error rate of seeded seeds

实际作业播种量与规定播种量之差占规定播种量的百分率。

3.5

断条　break ridge in a file

播行上连续大于 250 mm 内无苗。

3.6

断条率　rate of break ridge in a file

测试区内断条总长度占测定总长度的百分率。

3.7

播种量　seeding quantity

单位面积所播种子的质量。

3.8

播种深度　depth of sowing

播种后种子上部覆盖土层的厚度。

3.9

种肥间距　distance between seeds and fertilizer

播种作业后种子播行中心线与化肥播行中心线的空间距离。

3.10

合格粒距　spacing of normally sown seeds

精量播种播行内种子粒距大于 0.5 倍且小于或等于 1.5 倍规定粒距。

3.11

粒距合格率　rate of spacing of normally sown seeds

合格粒距数占测定总粒距数的百分率。

3.12

邻接行距　neighboring row spacing

播种机作业后,相邻两幅间的相邻播行中心线的距离。

3.13

旋耕层深度　depth of rotary tillage layer

土壤耕作层表面到耕作层底部的垂直距离。

3.14

碎土率　rate of cracked clod

土壤耕作层内,长边小于 40 mm 的土块质量占总质量的百分率。

4 作业质量要求

4.1 作业条件

4.1.1 耕整地后实施条播、精量播种作业的要求为地表平整,整地后无漏耕。耕作层深度、碎土率、残茬覆盖率符合当地油菜种植农艺要求。

4.1.2 实施播种联合作业的要求为地表平整,无影响播种作业的过量秸秆与杂物。前茬作物留茬高度应不大于 200 mm,玉米留茬应不大于 300 mm。

4.1.3 待播种田块土壤湿度应适中,相对湿度为 40%～60%。

注:适宜播种的土壤湿度可通过用手抓取地表土壤,用力握紧,形成土团,但从指间无渗出水;同时将土团放置离地表 1 m 位置,松开后使其自由落下至田块,土团能摔碎而不形成大的团粒即可。

4.1.4 种子应符合 GB/T 4407.2 规定的要求,播种量符合当地农艺要求。

4.1.5 化肥品种、施肥量、含水率应符合当地农艺要求和油菜播种机使用说明书的要求。

4.1.6 机手应按使用说明书规定的要求调整和使用油菜播种机。

4.2 作业质量指标

在本标准 4.1 规定的作业条件下,油菜播种机作业质量指标应符合表 1 的规定。

表 1 作业质量要求一览表

序号	项目	质量指标		对应检测方法条款号
		条播	精量播种	
1	播种量误差率,%	±10.0	±5.0	5.2.1
2	施肥量误差率[a],%	±10.0		5.2.2
3	播种深度合格率,%	≥85.0		5.2.3
4	种肥间距合格率[b],%	≥85.0		5.2.4
5	播种均匀性变异系数,%	≤45.0	/	5.2.5
6	各行播种量一致性变异系数,%	≤7.0	/	5.2.6

表 1（续）

序号	项目		质量指标		对应检测方法条款号
			条播	精量播种	
7	断条率,%		≤3.0	/	5.2.7
8	粒距合格指数,%		/	≥75.0	5.2.8
9	邻接行距合格率,%		≥80.0		5.2.9
10	旋耕层深度合格率c,%		≥85.0		5.2.10
11	碎土率d,%	黏土	≥55.0		5.2.11
		壤土	≥60.0		
		沙土	≥80.0		
12	作业后地表质量e		地表平坦,覆盖均匀,无因堵塞造成的地表拖堆;镇压应符合农艺要求		5.2.12
a 不具备施肥功能或采用种肥混施或肥料撒播的播种机不考核此项。					
b 不具备施肥功能或采用种肥混施或肥料撒播的播种机不考核此项。					
c 不具备旋耕碎土功能的播种机不考核此项。					
d 不具备旋耕碎土功能的播种机不考核此项。					
e 不具备旋耕碎土功能的播种机不考核此项。					

5 检测方法

5.1 抽样方法

沿地块长宽方向的中点连十字线,将检测地块分成 4 块,随机选取对角的 2 块作为检测样本;采用 5 点法,在随机选取的样本地块中选定测定点,即找到样本地块的 2 条对角线,2 条对角线的交点作为一个检测点位;然后,在 2 条对角线上,距 4 个顶点距离约为对角线长的 1/4 处取另外 4 个点作为检查点位,确定 5 个测定点位。

5.2 作业质量测定

5.2.1 播种量误差率

将排种机构调整到当地农艺要求的播种量,机组按正常作业速度在待播地中驶过 50 m,从各个排种口接取排下的种子,称出排种总质量,重复 3 次,求平均值。按式(1)计算出实际亩播量。

$$P = \frac{666.7 \times p}{50 \times w_1} \quad \text{..} (1)$$

式中:

P——实际亩播种量,单位为克每亩(g/亩);

p——播种机行走 50 m 的排种总质量,单位为克(g);

w_1——播种机幅宽,单位为米(m)。

根据农艺要求播量,按式(2)计算出播种量误差。

$$\eta_p = \frac{P - P_0}{P_0} \times 100 \quad \text{..} (2)$$

式中:

η_p——播种量误差率,单位为百分率(%);

P_0——当地农艺要求理论亩播种量,单位为克每亩(g/亩)。

5.2.2 施肥量误差率

将排肥机构调整到当地农艺要求的施肥量,机组按正常作业速度在待播地中驶过 50 m,从各个排肥口接取排下的肥料,称出排肥总质量,重复 3 次,求平均值。按式(3)计算出实际亩播量。

$$F = \frac{666.7 \times f}{50 \times w_2} \quad \text{..} (3)$$

式中：

F ——实际亩施肥量,单位为千克每亩(kg/亩);

f ——播种机行走 50 m 的排肥总质量,单位为千克(kg);

w_2 ——播种机幅宽,单位为米(m)。

根据农艺要求亩施肥量,按式(4)计算出施肥量误差。

$$\eta_F = \frac{F - F_0}{F_0} \times 100 \quad\cdots\cdots\cdots\cdots\cdots\cdots\cdots\cdots\cdots\cdots\cdots\cdots\cdots\cdots\cdots\cdots\cdots (4)$$

式中：

η_F ——施肥量误差率,单位为百分率(%);

F_0 ——当地农艺要求亩施肥量,单位为千克每亩(kg/亩)。

5.2.3 播种深度合格率

根据 5.1 选定的测定点位,确定测试小区:测试小区长度为 2 m,播种行数不多于 6 行的,全幅测定;行数大于 6 行的,选左、中、右各 2 行测定。播种 15 d～20 d 小苗出齐后,在每个测试小区内随机取 10 个测量点,测定出苗种子根部中心至地表的距离,该距离为播种深度值。根据当地农艺要求判定,设 h 为当地农艺要求播深,当 $h \leqslant 20$ mm 时,h 在 0 mm～20 mm 为合格;当要求 $h \geqslant 20$ mm 时,$(h \pm 5)$ mm 为合格。再按式(5)计算测试小区播种深度合格率,并求平均值。

$$\eta_H = \frac{h_1}{h_0} \times 100 \quad\cdots\cdots\cdots\cdots\cdots\cdots\cdots\cdots\cdots\cdots\cdots\cdots\cdots\cdots\cdots\cdots\cdots (5)$$

式中：

η_H ——播种深度合格率,单位为百分率(%);

h_1 ——播种深度合格点数,单位为个;

h_0 ——测定总点数,单位为个。

5.2.4 种肥间距合格率

测试小区位置选取同 5.2.3。每行随机取三点,播种施肥后,标记施肥位置;播种 15 d～20 d 小苗出齐后,测量小苗根与肥料行之间的距离,根据当地农艺要求判定是否合格。按式(6)计算种肥间距合格率,并求平均值。

$$\phi = \frac{E_1}{E_0} \times 100 \quad\cdots\cdots\cdots\cdots\cdots\cdots\cdots\cdots\cdots\cdots\cdots\cdots\cdots\cdots\cdots\cdots\cdots (6)$$

式中：

ϕ ——种肥间距合格率,单位为百分率(%);

E_1 ——种肥间距合格点数,单位为个;

E_0 ——种肥间距测定总选取点数,单位为个。

5.2.5 播种均匀性变异系数

测试小区位置选取同 5.2.3。播种 15 d～20 d 小苗出齐后,在每个测试小区内沿行的方向以 250 mm 为分段,连续测定 10 段,测定每段内的种子(幼苗)数。按式(7)、式(8)、式(9)计算平均值 $\overline{X}$、标准差 S、变异系数 V。

$$\overline{X} = \frac{\sum\limits_{i=1}^{n} X_i}{n} \quad\cdots\cdots\cdots\cdots\cdots\cdots\cdots\cdots\cdots\cdots\cdots\cdots\cdots\cdots\cdots\cdots\cdots (7)$$

$$S = \sqrt{\frac{\sum\limits_{i=1}^{n} (X_i - \overline{X})^2}{n = 1}} \quad\cdots\cdots\cdots\cdots\cdots\cdots\cdots\cdots\cdots\cdots\cdots\cdots (8)$$

$$V = \frac{S}{\overline{X}} \times 100 \quad\cdots\cdots\cdots\cdots\cdots\cdots\cdots\cdots\cdots\cdots\cdots\cdots\cdots\cdots (9)$$

式中:
$\overline{X}$ ——种子平均粒数,单位为粒(株);
X_i ——第 i 段内种子粒数,单位为粒(株);
n ——测定段数;
S ——标准差;
V ——播种均匀性变异系数,单位为百分率(%)。

5.2.6 各行播种量一致性变异系数

将排种机构调整到当地农艺要求的播种量,机组按正常作业速度在待播地中驶过 50 m,从各个排种口接取排下的种子,称其重量,重复 3 次,求平均值。按式(10)、式(11)、式(12)计算平均值 $\overline{P}$、标准差 S、变异系数 V。

$$\overline{P} = \frac{\sum_{i=1}^{n} P_i}{n} \quad\cdots\cdots\cdots\cdots\cdots\cdots\cdots\cdots (10)$$

$$S = \sqrt{\frac{\sum_{i=1}^{n}(P_i - \overline{P})^2}{n-1}} \quad\cdots\cdots\cdots\cdots (11)$$

$$V = \frac{S}{\overline{P}} \times 100 \quad\cdots\cdots\cdots\cdots\cdots\cdots\cdots (12)$$

式中:
$\overline{P}$ ——播种机各行行走 50 m 播种器排种总质量平均值,单位为克(g);
P_i ——播种机行走 50 m 的第 i 行播种器排种总质量,单位为克(g);
n ——测定的播种机播种行数;
S ——标准差;
V ——各行播种量一致性变异系数,单位为百分率(%)。

5.2.7 断条率

测试小区位置选取同 5.2.3。播种 15 d～20 d 小苗出齐后,随机抽取单行检测长度 2.5 m,分 30 段检测,查看断条数。按式(13)计算每一测区的断条率 β,并求平均值。

$$\beta = \frac{A_1}{A_0} \times 100 \quad\cdots\cdots\cdots\cdots\cdots\cdots\cdots (13)$$

式中:
β ——每一测区断条率,单位为百分率(%);
A_1 ——2.5 m 长度内的累计断条长度,单位为米(m);
A_0 ——每一测区的检测长度,单位为米(m)。

5.2.8 粒距合格率

测试小区位置选取同 5.2.3。播种 15 d～20 d 小苗出齐后,每行测定长度为连续 20 个粒距,测定所有粒距,并与规定粒距值进行比较,在规定粒距±50%之内的为合格。按式(14)计算粒距合格率。

$$k = \frac{J_1}{J_0} \times 100 \quad\cdots\cdots\cdots\cdots\cdots\cdots\cdots (14)$$

式中:
k ——粒距合格率,单位为百分率(%);
J_1 ——合格粒距数,单位为个;
J_0 ——测定粒距总数,单位为个。

5.2.9 邻接行距合格率

测试小区位置选取同 5.2.3。在测试小区内随机取 3 处,测量其邻接行距,以规定行距±20%之内为合格,按式(15)计算邻接行距合格率,各测点平均值即为最终邻接行距合格率。

$$\psi = \frac{D_1}{D_0} \times 100 \quad \cdots\cdots\cdots\cdots\cdots\cdots\cdots\cdots\cdots\cdots\cdots\cdots\cdots\cdots\cdots\cdots (15)$$

式中:

ψ ——邻接行距合格率,单位为百分率(%);

D_1 ——邻接行距合格数,单位为个;

D_0 ——邻接行距测定总数,单位为个。

5.2.10 旋耕层深度合格率

旋耕层深度测量点数按每 20 m² 选一个点检测,耕地面积较小,点数小于 10 个点时,选取 10 点;耕地面积较大,点数大于 20 个点时,选取 20 点。检查点的位置应该避开地边和地头随机选取,以耕后地表为基准,量至旋耕层底部即为旋耕层深度,满足当地农艺要求的旋耕层深度的判定为合格。旋耕层深度合格率按式(16)计算。

$$\varepsilon = \frac{X_1}{X_0} \times 100 \quad \cdots\cdots\cdots\cdots\cdots\cdots\cdots\cdots\cdots\cdots\cdots\cdots\cdots\cdots\cdots (16)$$

式中:

ε ——旋耕层深度合格率,单位为百分率(%);

X_1 ——旋耕层深度测点合格数量,单位为个;

X_0 ——旋耕层深度测点数量,单位为个。

5.2.11 碎土率

测试小区位置选取同 5.2.3。在测试小区内随机取 0.5 m×0.5 m 区域,在其全耕层内,按式(17)计算该点的碎土率,并求 5 点平均值。

$$e = \frac{E_1}{E_0} \times 100 \quad \cdots\cdots\cdots\cdots\cdots\cdots\cdots\cdots\cdots\cdots\cdots\cdots\cdots\cdots\cdots (17)$$

式中:

e ——碎土率,单位为百分率(%);

E_1 ——最长边长小于 40 mm 的土块质量,单位为千克(kg);

E_0 ——0.5 m×0.5 m 区域全耕层土块的质量,单位为千克(kg)。

5.2.12 作业后地表质量

采用目测法观察作业后的地表质量是否符合要求。

6 检验规则

6.1 检查项目分类

检查项目按其对油菜播种机作业质量的影响程度分为 A、B 两类。对作业质量有重大影响的检测项目为 A 类项目,其不合格为 A 类不合格;对作业质量无重大影响的检测项目为 B 类项目,其不合格为 B 类不合格。检测项目分类见表 2。

表 2 检测项目分类表

类别	项	检验项目名称
A	1	播种量误差率
	2	播种深度合格率
	3	播种均匀性变异系数
	4	断条率
	5	粒距合格率

表 2（续）

类别	项	检验项目名称
B	1	施肥量误差率
	2	种肥间距合格率
	3	各行播种量一致性变异系数
	4	邻接行距合格率
	5	旋耕层深度合格率
	6	碎土率
	7	作业后地表质量

6.2 综合判定规则

对确定的检测项目进行逐项考核。A 类项目全部合格、B 类项目不多于 1 项目不合格时，判定油菜播种机作业质量为合格，否则为不合格。

ICS 65.060
B 90

NY

中华人民共和国农业行业标准

NY/T 2773—2015

农业机械安全监理机构装备建设标准

The equipment standards of agricultural machinery safety supervision

2015-05-21 发布

2015-08-01 实施

中华人民共和国农业部 发布

前　言

本建设标准根据农业部《关于下达 2011 年农业行业标准制定和修订项目资金的通知》（农财发〔2011〕53 号）下达的任务，按照《农业工程项目建设标准编制规范》（NY/T 2081—2011）的要求，结合农业行业工程建设发展的需要而编制。

本建设标准共分 6 章：总则、规范性引用文件、术语和定义、装备建设内容和技术要求、基本建设标准和附则。

本建设标准由农业部发展计划司负责管理，农业部农机监理总站负责具体技术内容的解释。在标准执行过程中如发现有需要修改和补充之处，请将意见和有关资料寄送农业部工程建设服务中心（地址：北京市海淀区学院南路 59 号，邮政编码：100081），以供修订时参考。

本标准管理部门：中华人民共和国农业部发展计划司。

本标准主持单位：农业部工程建设服务中心。

本标准编制单位：农业部农机监理总站。

本标准参编单位：山东省农业机械安全监理站、江苏省农业机械安全监理所、山东科大微机应用研究所有限公司。

本标准主要起草人：涂志强、王超、杨云峰、蔡勇、程胜男、石宝成、陆立国、曲明。

农业机械安全监理机构装备建设标准

1 范围

1.1 本标准规定了农业机械安全技术检验、驾驶操作人员考试、事故现场勘察、安全监督检查和宣传教育及行政审批设备等装备建设要求。

1.2 本标准适用于履行《中华人民共和国道路交通安全法》、《中华人民共和国农业机械化促进法》和《农业机械安全监督管理条例》及农业部配套规章赋予农业机械安全监督管理职责任务的部、省、地、县级农机安全监理机构。

2 规范性引用文件

下列文件对于本文件的应用是必不可少的。凡是注日期的引用文件,仅注日期的版本适用于本文件。凡是不注日期的引用文件,其最新版本(包括所有的修改单)适用于本文件。

GB 7258 机动车运行安全技术条件

GB 16151.1 农业机械运行安全技术条件 第1部分:拖拉机

GB 16151.5 农业机械运行安全技术条件 第5部分:挂车

GB 16151.12 农业机械运行安全技术条件 第12部分:谷物联合收割机

GA 307 呼出气体酒精含量探测器

GA/T 945 道路交通事故现场勘查箱通用配置要求

JJF 1168 便携式制动性能测试仪校准规范

JJF 1169 汽车制动操纵力计校准规范

JJF 1196 机动车方向盘转向力—转向角检测仪校准规范

JJG 188 声级计检定规程

JJG 745 机动车前照灯检测仪检定规程

JJG 847 滤纸式烟度计检定规程

JJG 906 滚筒反力式制动检验台检定规程

JJG 1014 机动车检测专用轴(轮)重仪

JJG 1020 平板式制动检验台检定规程

NY/T 1830 拖拉机和联合收割机安全监理检验技术规范

3 术语和定义

下列术语和定义适用于本文件。

3.1

农机安全检测设备 the detection device of Agricultural machinery safety

指按照 GB 16151.1、GB 16151.5、GB 16151.12、NY/T 1830 规定,对农业机械进行安全检验所需设备的总称。

3.2

农机驾驶操作人考试设备 the admittance examination device of agricultural machinery operators

指按照法律法规规定,对申领拖拉机、联合收割机驾驶操作人员进行资格许可考试所需设备的总称。

3.3

农机事故勘察专用设备 the investigation device of agricultural machinery safety accident

指按照法律法规规定,对农业机械在作业或转移过程中发生的事故进行勘察所需的专用车辆及设备。

3.4

农机安全监督检查专用设备 the supervision device of agricultural machinery safety

指按照法律法规规定,在农田、场院等场所对农业机械进行安全监督检查所需的专用车辆及设备。

3.5

农机安全宣传教育设备 the publicity and education device of agricultural machinery safety

指用于采集农机安全生产活动信息,并对农村社会开展法律、法规、标准和安全生产知识宣传教育所需的设备。

3.6

行政审批设备 the administrative examination and approval device

指按照法律法规规定履行行政审批所需的设备。

4 装备建设内容和技术要求

4.1 农机安全检测设备

包括固定式或移动式制动力试验台、转向力转向角检测仪、踏板力计、前照灯检测仪、声级计、柴油车烟度计、制动性能检测仪、笔记本计算机及外设(灯屏、打印机及相关软件)和移动运载工具(工作架及其他辅助设施)。

4.1.1 设备的检定或校准

用于安全技术检测的计量仪器和设备应符合国家计量部门的要求。

4.1.2 制动力试验台

用于测量并计算拖拉机、联合收割机等自走式农业机械的轴(轮)荷、轴(轮)最大制动力、轴制动率、整车重量、整车制动力、整车制动率等。主要包括滚筒反力式制动试验台、平板式制动试验台和搓板式制动试验台。其技术要求滚筒反力式制动试验台应符合 JJG 906、JJG 1014 的要求,平板式制动试验台应符合 JJG 1020 的要求,搓板式制动试验台参照 JJG 1020 的规定执行。

4.1.3 转向力转向角检测仪

用于测量拖拉机、联合收割机等自走式农业机械的转向盘的自由转动量、转动力(或转动力矩),其技术要求应符合 JJF 1196 的要求。

4.1.4 踏板力计

用于测量拖拉机、联合收割机等自走式农业机械的制动踏板力,其技术要求应符合 JJF 1169 的要求。

4.1.5 前照灯检测仪

用于测量拖拉机、联合收割机等自走式农业机械的前照灯近光水平偏移量、近光垂直偏移量、远光发光强度,其技术要求应符合 JJG 745 的要求。

4.1.6 声级计

用于测量拖拉机、联合收割机等自走式农业机械的喇叭声级,其技术要求应符合 JJG 188 的要求。

4.1.7 柴油车烟度计

用于测量拖拉机、联合收割机等自走式农业机械的排放烟度值,其技术要求应符合 JJG 847 的要求。

4.1.8 制动性能检测仪

用于测量拖拉机、联合收割机等自走式农业机械的制动距离,其技术要求应符合 JJF 1168 的要求。在被检验的农业机械因特殊原因不能使用制动力试验台检测时,可使用制动性能检测仪或其他同等效能设备。

4.1.9 移动运载工具

用于装载并运输制动力试验台、转向力转向角检测仪、踏板力计、前照灯检测仪、声级计、柴油车烟度计、制动性能检测仪、笔记本计算机及外设(灯屏、打印机及相关软件)和工作架及其他辅助设施等。

4.2 农机驾驶操作人考试设备

包括固定式农机驾驶操作人考试设备或移动式农机驾驶操作人考试设备和考试专用机具(包括考试用拖拉机、考试用联合收割机、考试用挂接农具)。

4.2.1 无纸化考试系统

用于对道路交通安全、农机安全法律法规和拖拉机及联合收割机机械常识、操作规程等相关知识进行无纸化计算机考试,主要包括局域网网络设备、考试服务器计算机和考试计算机。

4.2.2 电子桩考仪

用于对场地驾驶操作技能和田间(模拟)作业驾驶操作技能进行考试,主要包括桩考仪和计算机及配套的无线数据采集、传输、处理系统及农机具挂接考试设备。

4.2.2.1 应对任意尺寸考试拖拉机、联合收割机(包括大中型轮式拖拉机、小型方向盘式拖拉机、手扶式拖拉机、方向盘自走式联合收割机、操纵杆自走式联合收割机、悬挂式联合收割机)进行任意变库考试,可根据考试机型任意变换库型。

4.2.2.2 桩考仪尺寸能满足任意尺寸考试拖拉机、联合收割机(包括大中型轮式拖拉机、小型方向盘式拖拉机、手扶式拖拉机、方向盘自走式联合收割机、操纵杆自走式联合收割机、悬挂式联合收割机)对考试的需求。桩杆高度符合各种考试车辆的考试需求。

4.2.2.3 桩考仪应对不按规定路线或顺序行驶、碰擦桩杆、车身出线、入库不正、移库不入、发动机熄火、拖拉机悬挂点与农具挂接点距离大于 100 mm 等情况进行准确判断。

4.2.2.4 系统传感设备灵敏度应符合碰擦桩杆灵敏度不大于 10 mm、车身出线灵敏度不大于 10 mm、移库不入灵敏度不大于 10 mm、中线偏移误差不大于 10 mm、入库不正灵敏度不大于 10 mm 的要求。挂接农具装置鉴别力不大于 2 mm。

系统传感设备能够判定车辆前进、后退状态及发动机熄火状态。

 a) 前进、后退状态应符合响应距离不超过 200 mm 的要求,并不受考试场地大小的影响;

 b) 发动机熄火状态判定响应时间应符合不超过 2 s 的要求。

4.2.2.5 桩杆应符合一端离开原位大于 500 mm 后回位,桩杆回位时间不超过 11 s 的要求,并在风力小于等于 6 级时没有摆动。

4.2.2.6 农机具挂接考试设备应能自由升降。

4.2.2.7 具有实时监控和自动绘制考试机具行走轨迹的功能,并能将行走轨迹保存、查询与打印。

4.2.2.8 桩考仪系统须具备方便的调试及自诊断功能,具有欠压、数传信号、传感器信号等信息的自诊断功能。

4.2.2.9 移动式农机驾驶操作人考试设备的无线传输设备传输距离应在 50 m 以上。

4.2.3 移动运载工具

用于装载并运输可移动的无纸化考试系统和电子桩考仪等。车载考试设备和仪器配置有防震、防潮包装箱,不使用时可方便地收入包装箱中进行贮存。

4.2.4 考试专用机具

考试专用拖拉机、联合收割机、挂接农具应符合法规和标准的技术要求。

4.3 农机事故勘察专用设备

包括农机事故勘察专用车,车内配备事故勘察和应急救援设备。事故勘察设备包括事故现场勘察箱、照相机、摄像机、专用笔记本计算机、事故现场照明设备、事故现场警示灯、警戒带、停车指示牌(灯)、反光背心、反光雨衣、反光腰带、反光锥筒等;事故应急救援设备包括扩张切割设备、五金工具、消防器材、急救设备等。

4.3.1 事故现场勘察箱

应符合 GA/T 945 的要求。

4.3.2 事故现场照明设备

4.3.2.1 车载探照灯

照明灯具在额定电压下连续工作 5 h,不应出现故障或损坏,能抵抗恶劣环境。

4.3.2.2 应急工作灯

电池额定容量≥2 000 mAh,循环使用寿命≥150 次。

4.3.2.3 作业头灯

电池额定容量≥800 mAh,循环使用寿命≥150 次。

4.3.2.4 强光手电

电池循环使用寿命≥200 次。

4.3.3 事故现场警示灯

采用手持警示灯,夜间 500 m 外可看到灯光指示。

4.3.4 扩张切割设备

4.3.4.1 液压扩张器

油缸承载≥8 t,扩张器最大扩张≥90 mm。

4.3.4.2 起重气垫装置

起重高度≥120 mm,气垫厚度≤25 mm,最大载重量≥5 t。

4.3.4.3 切割工具

切割深度在 0°斜角时≥60 mm,切割深度在 45°斜角时≥45 mm。

4.3.5 五金工具

包括剪铁皮剪刀、多用刀、钢丝钳、管口钳、尖嘴钳、组合锤、木柄锯弓、螺丝刀、扳手、指南针、短卷尺、长卷尺等。

4.3.6 消防器材

应配备≥2 kg 手提式干粉灭火器。

4.3.7 急救设备

4.3.7.1 担架

应重量轻,体积小,携带方便,使用安全,承重 180 kg 以上。

4.3.7.2 急救箱

急救箱应可处理简单的人体伤害。应配备棉签、止血带、弹性绷带、脱脂棉、带单向阀的人工呼吸面罩、创可贴、医用胶带、镊子、碘酒等。

4.4 农机安全监督检查专用设备

包括农机安全监督检查车,内配置安全监督检查和通讯设备。包括酒精测试仪、扩音器、强光手电、停车指示牌(灯)、反光背心、反光雨衣、反光腰带、反光锥筒、对讲机、移动终端等设备。

4.4.1 酒精测试仪

符合 GA 307 的要求,并通过公安部认证。

4.4.2 移动终端设备

用于农机安全监理执法人员在执法现场及时查询农机和驾驶操作人的信息、违章记录,包括移动终端及处理系统。

4.5 农机安全宣传教育设备

包括照相机、摄像机、投影仪、电视机和音响设备。

4.6 行政审批设备

应满足岗位工作需求,主要包括台式计算机、笔记本计算机、专用证件打印机、黑白激光打印机、彩色激光打印机、塑封机、扫描仪、传真机、复印机和档案管理设备。

5 基本建设标准

5.1 县级农机安全监理机构装备建设标准见附录 A。

5.2 地级农机安全监理机构应配备农机安全监督检查专用设备 2 套、事故现场勘察专用设备 1 套,其他装备可按照履行的职责任务选配,选配具体装备项目见附录 A。

5.3 部省级农机安全监理机构应配备农机安全监督检查专用设备 2 套、事故现场勘察专用设备 1 套,农机安全监理人员培训设备 1 套(包括农机安全检测设备、农机驾驶操作人考试设备),其他装备可按照履行的职责任务选配,选配具体装备项目见附录 A。

6 附则

按照《农业机械安全监督管理条例》的要求,农机安全监理机构基础设施设备应使用农业机械安全监理统一标识。

附　录　A
（资料性附录）
县级农机安全监理装备建设标准

县级农机安全监理装备建设标准见表 A.1。

表 A.1　县级农机安全监理装备建设标准

项目	名　称	序号	单位	拖拉机、联合收割机拥有量		投资估算元/(台、套、辆、件、个、件)	备　注
				5 000 台以下	5 000(含)台以上		
农机安全检测设备	制动力试验台	01	套	1	2	80 000	滚筒反力式制动试验台投资预算 80 000 元,其他类型的制动力试验台 21 000 元
	转向力转向角检测仪	02	台	1	2	3 300	拥有量超过 10 000 台的,每增加 5 000 台的增加 1 套设备;增加 3 套可移动仪器设备的增配 1 辆移动运载工具
	踏板力计	03	台	1	2	1 900	
	前照灯检测仪	04	台	1	2	5 800	
	声级计	05	台	1	2	1 800	
	柴油车烟度计	06	台	1	2	6 500	
	制动性能检测仪	07	台	1	1	5 200	
	笔记本计算机及外设	08	台	1	2	8 500	包括灯屏、打印机及相关软件
	移动运载工具	09	辆	1	2	120 000	包括工作架及其他辅助设施,适用于选择可移动仪器配置
农机驾驶操作人考试设备	无纸化考试系统	10	套	1	1	50 000	含 10 台考试用计算机、1 台身份证阅读器和激光打印机。投资估算随所需计算机增加而增加
	电子桩考仪	11	套	1	1	80 000	龙门式固定桩考仪投资估算 80 000 元,其他类型桩考仪 60 000 元
	移动运载工具	12	套	1	1	120 000	包括工作架及其他辅助设施,适用于选择可移动仪器配置
	考试专用机具	13	套	1	1	450 000	可选大中型轮式拖拉机、小型方向盘式拖拉机、手扶拖拉机和自走式、背负式联合收割机各 1 台,挂接机具可根据当地实际主要机型选配
农机事故勘察专用设备	农机事故勘察车	14	辆	1	1	180 000	
	事故现场勘察箱	15	套	1	1	2 000	
	酒精测试仪	16	台	1	1	3 500	
	照相机	17	台	1	1	6 000	
	摄像机	18	台	1	1	5 000	
	专用笔记本计算机	19	台	1	1	3 500	
	事故现场照明设备	20	台	1	1	2 800	
	事故现场警示灯	21	台	1	1	40	
	扩张切割设备	22	台	1	1	4 000	
	五金工具	23	套	1	1	1 300	
	消防器材	24	套	1	1	50	
	急救设备	25	套	1	1	600	

表 A.1（续）

项目	名 称	序号	单位	拖拉机、联合收割机拥有量		投资估算元/(台、套、辆、件、个、件)	备 注
				5 000 台以下	5 000（含）台以上		
农机事故勘察专用设备	停车指示牌(灯)	26	个	2	2	180	
	反光背心	27	件/人	1	1	70	按农机事故处理人员数量配备
	反光雨衣	28	件/人	1	1	100	按农机事故处理人员数量配备
	反光腰带	29	条/人	1	1	60	按农机事故处理人员数量配备
	反光锥筒	30	个	3	5	50	
农机安全监督检查专用设备	农机安全监督检查车	31	辆	1	2	180 000	
	酒精测试仪	32	台	1	1	3 500	
	扩音器	33	个	1	1	700	
	强光手电	34	个/人	1	1	60	按农机监理执法人员数量配备
	停车指示牌(灯)	35	个	2	2	180	
	反光背心	36	件/人	1	1	70	按农机监理执法人员数量配备
	反光雨衣	37	件/人	1	1	100	按农机监理执法人员数量配备
	反光腰带	38	条/人	1	1	60	按农机监理执法人员数量配备
	反光锥筒	39	个	3	5	50	
	对讲机	40	台/人	1	1	900	按农机监理执法人员数量配备
	移动终端设备	41	台/人	1	1	3 000	按农机监理执法人员数量配备
农机安全宣传教育设备	照相机	42	台	1	1	6 000	
	摄像机	43	台	1	1	5 000	
	电视机	44	台	1	1	4 000	
	投影仪	45	台	1	1	5 000	
	音响设备	46	套	1	1	3 000	
农机安全监理行政审批设备		47	台(套)	—	—	—	按岗位工作需要确定

ICS 65.060.20

B 91

NY

中华人民共和国农业行业标准

NY 2800—2015

微耕机 安全操作规程

Codes of safe operation for walk-behind powered rotary tillers

2015-10-09 发布

2015-12-01 实施

中华人民共和国农业部 发布

前　言

本标准的全部技术内容为强制性。

本标准按照 GB/T 1.1—2009 给出的规则起草。

本标准由农业部农业机械化管理司提出。

本标准由全国农业机械标准化技术委员会农业机械化分技术委员会(SAC/TC 201/SC 2)归口。

本标准起草单位:重庆市农业机械鉴定站、重庆宗申巴贝锐拖拉机制造有限公司、重庆市美琪工业制造有限公司、重庆麦斯特精密机械有限公司。

本标准主要起草人:金成、白艳、穆斌、崔民明、林祖权、龙春燕、陈海、王艳、杨勇。

微耕机　安全操作规程

1　范围

本标准规定了微耕机安全操作基本条件及启动、起步、田间作业、转移、停机检查的安全操作要求。

本标准适用于微耕机的安全操作。

2　基本条件

2.1　机器条件

2.1.1　微耕机的安全装置应齐全,功能应正常。

2.1.2　不得使用非法拼装、改装的微耕机。

2.2　人员条件

2.2.1　操作者应经过安全操作培训,掌握安全操作技能。

2.2.2　留长发的操作者应盘绕发辫并戴工作帽。

2.2.3　操作者操作微耕机时应扎紧衣服、袖口、裤管,避免被缠挂。

2.2.4　有下列情况之一的人员不得操作微耕机:

——患有妨碍安全操作疾病的;

——饮酒或使用国家管制的精神药品、麻醉品的;

——孕妇、未成年人和不具备完全行为能力的人。

2.3　使用条件

2.3.1　微耕机与非操作人员距离应不小于 5 m。

2.3.2　田块作业方向坡度应不大于5°。

2.3.3　田块表面应平整,耕作层应无石块、杂物等。

2.3.4　大棚、日光温室应通风良好。

2.3.5　视线应良好。

3　启动

3.1　应按使用说明书安全要求检查,并确认各部件的安全技术状态良好。

3.2　启动前,变速杆应处于空挡位置,发动机与变速箱之间动力传动应处于分离状态,油门开关应处于启动位置。

3.3　作业启动前,操作者应正确安装耕刀、阻力棒等工作部件,并确认有效。

3.4　操作者身体应避免与旋转、运动、高温等危险部件接触。

4　起步

4.1　起步前应按使用说明书要求进行空运转,确认安全后方可起步。

4.2　微耕机油门、离合器等部件灵活、可靠,旋转部件旋转无卡滞,自动回位手柄回位正常,方可起步。

4.3　刀片自动停止装置不得采用除手控以外的方式进行控制。

4.4　有转向机构的微耕机,左右转向离合器均应处于结合状态。

5 田间作业

5.1 坡地作业时,应沿上下坡方向作业。

5.2 使用倒挡前应停机拆除阻力棒,并确认安全后谨慎操作。

5.3 清除耕刀上的泥土、杂草和其他杂物前应关停发动机。

5.4 耕刀陷入泥土不能前进时,应关停发动机,以人力方式处理。

5.5 操作者离开操作位置时,应关停发动机,拔下开关钥匙。

5.6 操作者不得疲劳操作,休息时应关停发动机。

5.7 作业中更换操作者,应将变速杆置于空挡,确认发动机与变速箱之间动力传动处于分离状态。

6 转移

6.1 转移前应关停发动机,换装行走轮。

6.2 在田埂高度或沟渠宽度、深度大于耕刀最大回转半径的情况下进出田块,应关停发动机,以人力方式搬运。

6.3 转移途经道路时,应遵守道路交通安全法规,与其他车辆和行人保持安全距离。

6.4 微耕机不得载人、载物。

7 停机检查

7.1 微耕机作业中遇到下列情况之一时,应立即停机进行检查:
——耕刀缠草、粘泥严重;
——发动机或传动箱出现异常声响;
——发动机转速异常升高,油门控制失效;
——其他异常情况。

ICS 65.060.50
B 91

NY

中华人民共和国农业行业标准

NY 2801—2015

机动脱粒机　安全操作规程

Codes of safe operation for motorized threshers

2015-10-09 发布

2015-12-01 实施

中华人民共和国农业部 发布

前　言

本标准的全部技术内容为强制性。

本标准按照 GB/T 1.1—2009 给出的规则起草。

本标准由农业部农业机械化管理司提出。

本标准由全国农业机械标准化技术委员会农业机械化分技术委员会(SAC/TC 201/SC 2)归口。

本标准起草单位:山东省农业机械科学研究院、山东华盛中天机械集团股份有限公司、山东常林机械集团有限公司、潍坊市农业机械研究所、黑龙江勃锦悍马农业机械设备有限公司。

本标准主要起草人:王永建、刘庆国、马啸、魏元振、栗慧卿、郭丽、高公如、孙守民、倪晓花。

机动脱粒机 安全操作规程

1 范围

本标准规定了机动脱粒机安全操作的基本条件、作业准备和脱粒作业时的安全操作要求。

本标准适用于机动脱粒机(以下简称脱粒机)的安全操作。

2 基本条件

2.1 机器条件

2.1.1 脱粒机的安全装置应齐全,功能应正常。

2.1.2 不得使用报废、非法拼(改)装和未取得生产许可证的脱粒机。

2.1.3 未配置动力的脱粒机,应按照使用说明书的要求配置动力、相应的安全防护罩及动力分离(切断)装置,动力分离(切断)装置应置于操作者容易触及的位置。

2.1.4 内燃机或拖拉机做动力时,排气管应设防火装置,排气口应避开可燃物。

2.2 人员条件

2.2.1 操作人员应经过培训,掌握安全操作技能。

2.2.2 有下列情况之一的人员不得操作脱粒机:

——孕妇、未成年人和不具备完全行为能力的;

——酒后或服用国家管制的精神药品和麻醉药品的;

——患有妨碍安全操作的疾病或疲劳的。

2.3 使用条件

2.3.1 作业场所应宽敞、通风、远离火源。

2.3.2 作业场所应配有可靠的灭火设备。

3 作业准备

3.1 使用机器前,应详细阅读使用说明书,了解使用说明书中安全操作规程和危险部位安全标志所提示的内容。

3.2 使用机器前,应检查脱粒滚筒上的纹杆、板齿、钉齿等工作部件有无裂纹、变形和松动。

3.3 更换零部件时,应按使用说明书的要求或在企业有经验的维修人员指导下进行。

3.4 外露的轴、带轮、齿轮、链轮、风扇、输送螺旋等传动部位应有防护罩,防护罩应牢固可靠。

3.5 启动前,动力分离(切断)装置应处于分离(切断)状态。

3.6 电动机作动力源时,不得对电动机直接搭接通电启动,电源电压应保持稳定,有接地保护,电源线应绝缘可靠。

3.7 操作人员应接受安全教育,使其熟悉与作业有关的安全操作注意事项。

3.8 操作人员应衣着紧凑,避免衣物被缠挂;留长发的应盘绕发辫并戴工作帽。

3.9 操作人员间应沟通顺畅,非操作人员不得进入作业场所。

3.10 带有提升装置的脱粒机,提升装置应处于工作状态,固定可靠。

4 脱粒作业

4.1 作业前脱粒机应进行空运转并符合下列要求:

——运转正常、平稳、无异常声响；

——操纵和调节机构灵活可靠、操纵方便；

——滚筒旋转方向正确,转速符合明示要求；

——各连接件和紧固件无松动现象。

4.2 空运转若有异常,应立即停机检查,按照使用说明书进行调整。

4.3 按照使用说明书要求进行脱粒试运行,均匀喂入物料,使机器处于良好的工作状态。

4.4 操作人员不得触及运动部件、剪切部位、挤压部位以及其他危险运动件,如轴、带传动系、链传动系、曲柄、摇杆、风扇、清选筛、输送螺旋等。

4.5 不得攀爬机器,不得进入喂料斗。

4.6 不得将手、喂入工具伸入喂料口、排草口、输粮搅龙出入口、风机进排风口以及其他危险运动件内。

4.7 排草口、排杂口、排风口等可能造成人员伤害的位置不得站人。

4.8 不得将石头、木块、金属等坚硬物喂入机器内。

4.9 发现下列异常之一时应立即切断动力,待机器完全停止运转后方可进行清理和检查:

——喂料口、滚筒、排草口等作业部位堵塞；

——旋转件崩损脱落；

——滚筒固定螺栓、纹杆固定螺栓、齿杆与幅盘等连接螺栓松动；

——机架扭曲、开裂；

——突然出现异常声响；

——滚筒转速异常；

——轴承温度异常升高；

——其他异常现象。

4.10 脱粒作业后,待机器内部的物料全部排出后,方可停机。

4.11 停机后,应及时清理脱粒机内外的残留物和附着物。

ICS 13.040.40
Z 60

NY

中华人民共和国农业行业标准

NY 2802—2015

谷物干燥机大气污染物排放标准

Emission standard of air pollutants for grain dryer

2015-10-09 发布

2015-12-01 实施

中华人民共和国农业部 发布

前　言

本标准按照 GB/T 1.1—2009 给出的规则起草。

本标准由农业部农垦局提出并归口。

本标准起草单位:黑龙江农垦农业机械试验鉴定站(农业部节能与干燥机械设备及产品质量监督检验测试中心)、哈尔滨新美达粮食机械有限公司、辽宁立达实业集团有限公司、国家农作物收割机械设备质量监督检验中心。

本标准主要起草人:邢佐群、潘九君、詹志学、刘渊、崔士勇、刘新华、于泳。

谷物干燥机大气污染物排放标准

1 范围

本标准规定了谷物干燥机大气污染物排放的术语和定义、基本要求、排放限值和测试方法。

本标准适用于燃煤及稻壳等生物质颗粒（或压块）为燃料的谷物干燥机生产作业时排放的大气污染物管理。

2 规范性引用文件

下列文件对于本文件的应用是必不可少的。凡是注日期的引用文件，仅注日期的版本适用于本文件。凡是不注日期的引用文件，其最新版本（包括所有的修改单）适用于本文件。

GBZ/T 192.1 工作场所空气中粉尘测定 第 1 部分：总粉尘浓度

GB 3095 大气环境质量标准

GB 5468 锅炉烟尘测试方法

GB/T 16157 固定污染源排气中颗粒物测定与气态污染物采样方法

3 术语和定义

下列术语和定义适用于本文件。

3.1

烟囱高度 stack height

指烟囱或其主体建筑构造所在地的地平面至烟囱出口处的高度。

3.2

碳黑尘 carbon black dust

从烟囱排放出来未完全燃烧的碳颗粒。

3.3

粉尘浓度 dust concentration

在干燥机作业时，操作人员活动区域内空气中的粉尘含量。

4 基本要求

4.1 适用区域划分

本文件的区域按 GB 3095 中的规定划分。

4.2 烟囱高度的要求

4.2.1 烟囱高度应不低于 15 m，若烟囱低于 15 m，其排放速率标准值按外推计算结果严格 50% 执行。

4.2.2 烟囱应高出周围 50 m 半径范围的建筑 3 m 以上，不能达到该要求的烟囱按其高度对应的表 2 列出的排放速率标准值严格 50% 执行。

5 排放限值

5.1 标准状态

烟气在温度为 273 K、压力为 101 325 Pa 时的状态，本文件规定的排放限值均指标准状态下的干烟气中的数值。

5.2 谷物干燥机大气污染物排放浓度限值应符合表1的规定。

表1 谷物干燥机大气污染物排放浓度限值

序号	项 目	指标值	
		一类区	二类区
1	烟尘排放浓度,mg/m³	禁排	200
2	二氧化硫排放浓度,mg/m³		300
3	碳黑尘		肉眼不可见

5.3 谷物干燥机大气污染物排放速率限值应符合表2的规定。

表2 谷物干燥机大气污染物排放速率限值

序号	污染物	热风炉额定热功率(Q) MW	烟囱高度 m	最高允许排放速率,kg/h	
				一类区	二类区
1	烟尘	$Q<1.4$	15	禁排	0.7
		$1.4{\leqslant}Q<2.8$	18		1.4
		$2.8{\leqslant}Q<4.2$	21		2.1
		$4.2{\leqslant}Q<5.6$	24		2.8
		$5.6{\leqslant}Q<7$	27		3.5
		$7{\leqslant}Q<8.4$	30		4.2
		$8.4{\leqslant}Q<11.2$	33		5.6
		$Q{\geqslant}11.2$	36		6.3
2	二氧化硫	$Q<1.4$	15	禁排	1.0
		$1.4{\leqslant}Q<2.8$	18		2.0
		$2.8{\leqslant}Q<4.2$	21		3.0
		$4.2{\leqslant}Q<5.6$	24		4.0
		$5.6{\leqslant}Q<7$	27		5.0
		$7{\leqslant}Q<8.4$	30		6.0
		$8.4{\leqslant}Q<11.2$	33		8.0
		$Q{\geqslant}11.2$	36		9.0

5.4 烟气黑度及粉尘浓度排放限值应符合表3的规定。

表3 烟气黑度及粉尘浓度排放限值

序号	项 目	指标值	
		一类区	二类区
1	烟气黑度(林格曼黑度),级	禁排	1
2	粉尘浓度,mg/m³	禁排	8

6 测试方法

6.1 热风炉的工况根据燃料消耗量及燃料的地位发热量确定。

6.2 测点应选择在净化装置之后,测点位置及测点数量按GB/T 16157的规定执行。

6.3 采样前后,滤膜称量应使用同一台分析天平。

6.4 烟尘排放浓度的测试方法按GB 5468的规定执行。

6.5 二氧化硫排放浓度及排放速率的测试方法按GB/T 16157的规定执行。

6.6 在以烟囱为中心的50 m范围内碳黑尘为肉眼不可见。

6.7 烟气黑度按林格曼烟气浓度图观测,观测要求、方法按该图用法说明书执行。

6.8 粉尘浓度的测试方法按GBZ/T 192.1的规定执行。

ICS 65.060.99
B 91

NY

中华人民共和国农业行业标准

NY/T 2844—2015

双层圆筒初清筛

Double-drum precleaner

2015-10-09 发布

2015-12-01 实施

中华人民共和国农业部 发布

前　言

本标准按照 GB/T 1.1—2009 给出的规则起草。

本标准由农业部农垦局提出并归口。

本标准起草单位:黑龙江农垦农业机械试验鉴定站(农业部节能与干燥机械设备及产品质量监督检验测试中心)、黑龙江省牡丹江垦区正达机械有限公司、哈尔滨东宇工程机械有限公司。

本标准主要起草人:潘九君、尹晓慧、潘保利、闫立衡、姜平、王英勇、于泳。

双层圆筒初清筛

1 范围

本标准规定了粮食初清用双层圆筒初清筛(以下简称初清筛)产品的型号和主参数、要求、试验方法、检验规则、标志、包装、运输及贮存。

本标准适用于双圆筒、双锥筒初清筛,圆筒和振动筛板组合的清理筛可参照使用。

2 规范性引用文件

下列文件对于本文件的应用是必不可少的。凡是注日期的引用文件,仅注日期的版本适用于本文件。凡是不注日期的引用文件,其最新版本(包括所有的修改单)适用于本文件。

GBZ/T 192.1 工作场所空气中粉尘测定 第1部分:总粉尘浓度

GB/T 1184 形状和位置公差 未注公差值

GB/T 1804 一般公差 未注公差的线性和角度尺寸的公差

GB/T 3768 声学 声压法测定噪声源声功率级 反射面上方采用包络测量表面的简易法(eqv ISO 3746:1995)

GB 4503.1 固定式钢梯及平台安全要求 第1部分:钢直梯

GB 4503.2 固定式钢梯及平台安全要求 第2部分:钢斜梯

GB 4503.3 固定式钢梯及平台安全要求 第3部分:工业防护栏杆钢平台

GB/T 9969 工业产品使用说明书 总则

GB 10396 农林拖拉机和机械、草坪和园艺动力机械 安全标志和危险图形 总则(ISO 11684:1995,MOD)

GB/T 11253 碳素结构钢冷轧薄钢板及钢带

GB/T 12620 长圆孔、长方孔和圆孔筛板

GB/T 13306 标牌

GB/T 13384 机电产品包装通用技术条件

GB/T 23821 机械安全 防止上下肢触及危险区的安全距离(ISO 13857:2008,IDT)

GB/T 26893—2011 粮油机械 圆筒初清筛

JB/T 5673 农林拖拉机及机具涂漆通用技术条件

JB/T 9832.2 农林拖拉机及机具 漆膜 附着性能测定方法 压切法

3 型号和主参数

3.1 型号

3.1.1 初清筛的型号按 GB/T 26893—2011 附录 A 的规定编制。

3.1.2 型号表示方法:

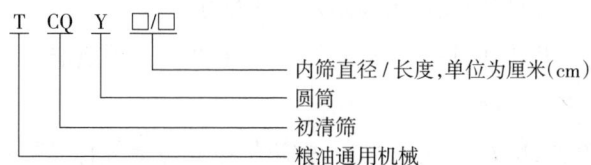

```
T  CQ  Y  □/□
                 └──── 内筛直径 / 长度,单位为厘米(cm)
              └─────── 圆筒
          └─────────── 初清筛
      └─────────────── 粮油通用机械
```

3.1.3 型号示例：

TCQY100/320表示内筛直径为1 000 mm、长度为3 200 mm的初清筛。

3.1.4 初清筛的规格型号应符合表1的规定。

表1 初清筛规格型号

项 目	型 号				
	TCQY 63/180	TCQY 80(85)/230	TCQY 100/320	TCQY 120(125)/460	TCQY 150/600
筛筒规格(d×l),mm	φ630×1 800	φ800(850)×2 300	φ1 000×3 200	φ1 200(1 250)×4 600	φ1 500×6 000
筛筒转速,r/min	12～18	12～18	12～18	12～18	12～18
注:筛筒长度尺寸为参考值。					

3.2 主参数和主参数系列

主参数和主参数系列见表2。

表2 主参数和主参数系列

主参数	主参数系列
处理量,t/h	30、50、70、80、100、120、150、180、200、220、250

4 要求

4.1 一般技术要求

4.1.1 筛筒及机械加工件未注公差尺寸的公差等级,不得低于GB/T 1804-m级;未注形位公差的直线度、平面度、同轴度、对称度按GB/T 1184-K级。

4.1.2 在质量监督、抽查检验时检测筛筒两端径向圆跳动量为不大于0.7%(筛筒直径),用带有磁力表座的千分表测量。

4.1.3 空运转时设备应运转平稳,筛筒不得与其他零部件碰撞摩擦,无异常响声。

4.1.4 筛筒倾角应能在一定范围内根据需要任意调整,且固定牢固可靠。

4.1.5 内外筛筒骨架筛片连接缝处的固定螺栓应牢固可靠,且方便筛片更换和维修。

4.2 性能指标要求

在原粮含杂率不大于3%的情况下,初清筛的主要性能指标应符合表3的规定。

表3 主要性能指标

序号	项目	性能指标
1	处理量,t/h	符合使用说明书规定或大于等于设计值
2	大杂清除率,%	≥90
3	大杂含粮率,%	≤2(稻谷两粒以上连接的半穗不计算在内)
4	小杂清除率,%	≥60
5	单位耗电量,kW·h/t	≤0.10

4.3 安全要求

4.3.1 电气设备应安全可靠,电器绝缘电阻应不小于1 MΩ。

4.3.2 外露回转件应有防护装置,防护装置应符合GB/T 23821的规定。

4.3.3 除尘风机进风口应有防护网。

4.3.4 对操作人员有危险的部位,在明显的位置应有安全警示等标志。标志应符合GB 10396的规定。

4.3.5 应在出料端明显位置用箭头标记筛筒的旋转方向。

4.3.6 配有爬梯、平台和护栏的初清筛,按照 GB 4503.1、GB 4503.2、GB 4503.3 的规定执行。

4.4 可靠性

4.4.1 平均故障间隔时间应不小于 120 h。

4.4.2 使用有效度应不小于 97%。

4.5 空运转

空运转时设备应运转平稳,筛筒不得与其他零部件碰撞摩擦,无异常响声。

4.6 噪声

初清筛空运转时的噪声应不大于 85 dB(A)。

4.7 轴承温升

初清筛空运转 30 min 后,轴承温升不大于 25℃。

4.8 托辊

4.8.1 托辊应转动自如,与轨道吻合应面接触,不应线接触,无横向串动,托辊外表面挂胶不小于 12 mm 或为防静电耐磨的非金属材料,转动时无振动。

4.8.2 筛筒轨道接缝焊口应光滑,与托辊吻合严密,无变形。

4.9 粉尘浓度

初清筛应配置除尘装置,工作场所粉尘浓度,室内不大于 8 mg/m³;室外不大于 10 mg/m³。

4.10 电控装置

初清筛应有启动和急停开关,与成套设备配置时应设置失速传感器,能报警和自动停机。

4.11 筛筒

4.11.1 筛筒材质应符合 GB/T 12620 及 GB/T 11253 的要求。

4.11.2 处理量 25 t/h～50 t/h 的内筛孔选用 2 种孔径,50 t/h 以上的初清筛内筛孔选用 3 种孔径,大孔径在喂入端,小孔径在出料端。

4.11.3 外筛清理刷应紧贴筛筒,刷子选用不小于 0.8 mm 钢丝或尼龙丝制作。

4.12 密封性能

4.12.1 初清筛应密闭,不应有雨雪进入和粉尘溢出。

4.12.2 在工作中机体不应有好粮粒从筛筒中漏出。

4.13 焊接质量

初清筛所有焊接焊缝不得有裂纹、气孔弧坑、烧穿、假焊及夹渣未溶合等缺陷。

4.14 装配质量

4.14.1 机架门应开、关灵活,可靠,关闭后应密封严密。

4.14.2 机架组装焊合后对角线差值应符合不得低于 GB/T 1804-m 级要求。

4.15 涂层质量

初清筛的金属件油漆外观质量、涂层厚度应符合 JB/T 5673 普通耐候层的规定,漆膜附着力应符合 JB/T 9832.2 的规定。

4.16 使用说明书

说明书的编写格式的内容应符合 GB/T 9969 的规定。并应有产品三包和质量保证内容。

5 试验方法

5.1 试验条件

5.1.1 根据试验物料确定筛孔尺寸,其数量要充足,大杂质含量(样品检验筛筛上物)1.5%左右。大杂质含量不足时,应掺入相应的杂质,允许掺入同批原粮清理出的大杂。

5.1.2 试验时,喂入物料要均匀稳定,中间不得有间断。

5.1.3 试测所用的仪器、仪表必须经过法定检定机构校验,且在有效使用期内。

5.2 试验要求

5.2.1 试验物料喂入前应计量称重并记录。

5.2.2 应在初清筛空运转 15 min 正常后开始喂入,喂入量应控制在初清筛额定工作状态且喂入斗不漏粮状态,每次试验测试时间不少于 30 min。

5.2.3 准备好大杂口、小杂口的物料接取,并计量、称重和记录。

5.3 试验内容与方法

5.3.1 处理量

在测试时间内,接取进机原粮 3 次,每次时间不少于 5 min,将样品全部收集;或先称出每次进机原粮质量,按式(1)计算。

$$Q = \frac{3.6H}{t} \quad\quad\quad\quad\quad\quad\quad\quad\quad\quad\quad (1)$$

式中:

Q——处理量,单位为吨每小时(t/h);

H——在 t 时间内进机原粮总量,单位为千克(kg);

t——在处理进机总量 H 时所用时间,单位为秒(s)。

5.3.2 大杂清除率

对同一批物料测试 3 次,每次测试后收集全部出机大杂,称出其质量,取 3 次测试结果的平均值,按式(2)计算。

$$\eta_{大}(\%) = \frac{m_1}{m_1 + m_2} \times 100 \quad\quad\quad\quad\quad\quad\quad\quad (2)$$

式中:

$\eta_{大}$——大杂清除率,单位为百分率(%);

m_1——测试时间内,出机大杂质量,单位为千克(kg);

m_2——检验筛筛上大杂质量(检验筛筛孔为内筛的平均筛孔尺寸),单位为千克(kg)。

5.3.3 大杂含粮率

出机物料全部经过检验筛或取样分析,称出含有饱满粮粒质量,按式(3)计算。

$$\beta(\%) = \frac{m_3}{1000\, m_1} \times 100 \quad\quad\quad\quad\quad\quad\quad\quad (3)$$

式中:

β——大杂含粮率,在测试时间内,大杂中含有饱满粮粒质量的百分数,单位为百分率(%);

m_3——测试时间内下脚大杂中饱满粒的质量,单位为克(g)。

5.3.4 小杂清除率

对同一批物料测试 3 次,每次测试后收集全部出机小杂,称出其质量,取 3 次测试结果的平均值,按式(4)计算。

$$\eta_{小}(\%) = \frac{m_4}{m_4 + m_5} \times 100 \quad\quad\quad\quad\quad\quad\quad\quad (4)$$

式中:

$\eta_{小}$——小杂清除率,单位为百分率(%);

m_4——测试时间内,出机小杂质量,单位为千克(kg);

m_5——检验筛筛下小杂质量(检验筛筛孔为外筛的平均筛孔尺寸),单位为千克(kg)。

5.3.5 单位耗电量

用电功率测试仪测量初清筛在稳定工作状态下的电流、电压、功率因素及电功率,按式(5)计算。

$$P = \frac{A}{Qt_1} \quad\cdots\cdots\cdots\cdots\cdots\cdots\cdots\cdots\cdots (5)$$

式中:

P——单位耗电量,单位为千瓦时每吨(kW·h/t);

A——电耗量,单位为千瓦时(kW·h);

t_1——工作时间,单位为小时(h)。

5.3.6 安全

用兆欧表检测电器绝缘电阻,按 4.3 的要求用目测方法逐项检查其他各项要求。

5.3.7 可靠性

可靠性指标包括平均故障间隔时间和有效度。

a) 平均故障间隔时间按式(6)计算。

$$\text{MTBF} = \frac{\sum t_i}{\sum r} \quad\cdots\cdots\cdots\cdots\cdots\cdots\cdots (6)$$

式中:

MTBF——平均故障间隔时间,单位为小时(h);

$\sum t_i$——试验样机累计工作时间,单位为小时(h);

$\sum r$——生产试验期间试验样机发生的故障之和,单位为个,轻微故障不计。

凡在生产试验期间,试验样机有重大或致命失效(指发生人身伤害事故、因质量原因造成设备不能正常工作、重大经济损失的故障)发生,平均故障间隔时间为不合格。

b) 有效度按式(7)计算。

$$A = \frac{\sum t_i}{\sum t_i + \sum t_r} \times 100 \quad\cdots\cdots\cdots\cdots\cdots\cdots (7)$$

式中:

A——有效度,单位为百分率(%);

$\sum t_r$——试验样机故障排除和修复时间之和,单位为小时(h)。

5.3.8 空运转检测

按 4.5 的要求逐项检查。

5.3.9 噪声

噪声按 GB/T 3768 的规定测试,在初清筛操作人员位置,距离机械外表面 1.0 m,离地面 1.5 m 处,用声级计的计权网络 A 档测量噪声值,测点不少于 5 点,取测量最大值。

5.3.10 轴承温升

初清筛空运转 30 min 后,按 4.7 的要求逐项检查。

5.3.11 托辊

按 4.8 的要求逐项检查。

5.3.12 粉尘浓度

按 4.9 的要求逐项检查,工作场所粉尘浓度按 GBZ/T 192.1 的规定执行。

5.3.13 电控装置

按 4.10 的要求逐项检查。

5.3.14 筛筒

按 4.11 的要求逐项检查。

5.3.15 密封性

按 4.12 的要求逐项检查。

5.3.16 焊接质量

按 4.13 的要求逐项检查。

5.3.17 装配质量

按 4.14 的要求逐项检查。

5.3.18 涂层质量

按 4.15 的要求逐项检查。

5.3.19 使用说明书

按 4.16 的要求逐项检查。

6 检验规则

6.1 抽样方法

6.1.1 在生产单位近 12 个月生产的合格品中随机抽样。抽样母体不少于 2 台。

6.1.2 抽样数量为 2 台,当试验受条件限制时,可以临时协商确定抽样数量,但判定原则不变。

6.2 出厂检验

6.2.1 每台初清筛都应按 4.1、4.3、4.5、4.6、4.7、4.10、4.12、4.13、4.14、4.15、4.16 的要求进行检验。每一项目检验结果均达到要求时,方可签发合格证书准予出厂。

6.2.2 在用户遵照产品使用说明书规定的使用要求操作和保管的条件下,一年内如确因制造质量问题而发生损坏或不能正常运行时,制造厂应负责免费修理或更换。

6.3 型式检验

6.3.1 有下列情况之一时应进行型式检验:

    a) 新产品或老产品转厂生产的试制定型鉴定;

    b) 正式生产后,如结构、材质上有所改变而可能影响产品性能时;

    c) 正常生产,周期满一年时;

    d) 产品长期停产后恢复生产时;

    e) 出厂检验结果与上次型式检验有较大差异时;

    f) 国家质量监督机构提出进行型式检验要求时。

6.3.2 型式检验的样品在经出厂检验合格的产品批中随机抽取。

6.3.3 检验项目为第 4 章规定的全部要求。

6.4 不合格项目分类

被检测的项目,凡不符合第 4 章要求的均为不合格,按其对产品质量影响程度分为 A、B、C 三类,不合格分类见表 4。

表 4 不合格分类

不合格分类		项目名称
类	项	
A	1	安全
	2	处理量

表 4（续）

不合格分类		项目名称
类	项	
A	3	大杂清除率
	4	噪声
	5	使用说明书
B	1	大杂含粮率
	2	小杂清除率
	3	托辊
	4	电控装置
	5	粉尘浓度
	6	单位耗电量
C	1	空运转
	2	焊接质量
	3	筛筒及清理
	4	密封性能
	5	轴承温升
	6	装配质量
	7	涂层质量 / 油漆外观质量
		涂层质量 / 漆膜附着力
		涂层质量 / 涂层厚度
	8	标牌

6.5 判定原则

6.5.1 抽样判定表见表 5，A_c 为接收数，R_e 为拒收数。

6.5.2 采用逐项考核、按类判定的原则，当各类不合格项目数均小于或等于可接收质量限 A_c 时，则判定该批为合格；当各类不合格项目有一类大于或等于不合格判定数 R_e 时，则判定该批为不合格。

表 5　抽样判定表

不合格分类		A		B		C	
样本数（n）		2					
项目数		5		6		8	
A_c	R_e	0	1	1	2	2	3

7 标志、包装、运输及贮存

7.1 标志

每台初清筛应在明显位设置符合 GB/T 13306 规定的产品标牌，标牌内容应包括：

a) 制造企业名称及地址；

b) 产品型号、名称；

c) 主要技术参数；

d) 出厂编号和日期；

e) 产品标准编号。

7.2 包装

7.2.1 初清筛的包装由供需双方协商决定。包装产品应符合 GB/T 13384 的规定。

7.2.2 电气设备应单独包装，并有防尘、防潮措施。

7.2.3 随机附件也应单独包装，随机附件应包括下列文件：

a) 产品使用说明书；

b) 产品合格证；

c) 装箱单及备、配件清单。

7.3 运输

运输工具应有防雨措施,运输装卸过程中应小心轻放,严禁倒置和碰撞。

7.4 贮存

应贮存在干燥、通风的仓库内,周围不应有易燃品、化学腐蚀品和有害气体等。若在露天存放时,应
有防雨设施。

———————————

ICS 65.060.20
B 91

NY

中华人民共和国农业行业标准

NY/T 2845—2015

深松机 作业质量

Operating quality for subsoilers

2015-10-09 发布
2015-12-01 实施

中华人民共和国农业部 发布

NY/T 2845—2015

前　言

本标准按照 GB/T 1.1—2009 给出的规则起草。

本标准由农业部农业机械化管理司提出。

本标准由全国农业机械标准化技术委员会农业机械化分技术委员会(SAC/TC 201/SC 2)归口。

本标准起草单位:吉林省农业机械试验鉴定站。

本标准主要起草人:李龙春、周明新、李东来、代丽红、张国明、梁春丽。

深松机 作业质量

1 范围

本标准规定了深松机作业的质量要求、检测方法和检验规则。

本标准适用于深松机作业的质量评定。

2 规范性引用文件

下列文件对于本文件的应用是必不可少的。凡是注日期的引用文件,仅注日期的版本适用于本文件。凡是不注日期的引用文件,其最新版本(包括所有的修改单)适用于本文件。

GB/T 5262 农业机械试验条件 测定方法的一般规定

3 术语和定义

下列术语和定义适用于本文件。

3.1

深松深度 depth of subsoiling

深松沟底距该点作业前地表面的垂直距离。

4 作业质量要求

4.1 作业条件及准备

4.1.1 作业地块应平坦,土壤含水率应在适耕范围内,深松深度范围内不应有影响作业的树根、石块等坚硬杂物及整株秸秆。

4.1.2 深松作业前应先进行 20 m～30 m 的试作业,松土及碎土效果应满足农艺要求。

4.2 在本标准 4.1 规定的作业条件下,深松机作业质量应符合表 1 的规定。

表 1 作业质量要求一览表

序号	项 目	质量指标	检测方法对应的条款号
1	深松深度合格率[a],%	≥85	5.2.1
2	邻接行距合格率[b],%	≥80	5.2.2
3	漏耕[c]	无漏耕	5.2.3

[a] 深松作业能打破犁底层且深度≥250 mm 为合格深松深度。
[b] 在行距的±20%之内为合格邻接行距。
[c] 除地角外,邻接行距大于 1.2 倍行距为漏耕。

5 检测方法

5.1 作业条件的测定

按 GB/T 5262 的规定测定。

5.2 作业质量

5.2.1 深松深度合格率

在测区内对角线上取 5 点作为取样单元,每个单元测定 5 个点,用耕深尺或其他测量仪器进行测试。按式(1)计算。

$$H = \frac{n_h}{n} \times 100 \quad \cdots\cdots\cdots\cdots\cdots\cdots\cdots\cdots\cdots\cdots\cdots\cdots \quad (1)$$

式中：

H ——深松深度合格率，单位为百分率(%)；

n_h ——合格深松深度点数，单位为个；

n ——测定总点数，单位为个。

5.2.2 邻接行距合格率

在测区内按本标准 5.2.1 取 5 个单元，每个单元取 5 点测量其邻接行距，按式(2)计算邻接行距合格率。

$$\Psi = \frac{D_h}{D} \times 100 \quad \cdots\cdots\cdots\cdots\cdots\cdots\cdots\cdots\cdots\cdots\cdots \quad (2)$$

式中：

Ψ ——邻接行距合格率，单位为百分率(%)；

D_h ——邻接行距合格点数，单位为个；

D ——邻接行距测定总点数，单位为个。

5.2.3 漏耕

在测区内按本标准 5.2.1 取 5 个单元，每个单元取 5 点测量其邻接行距。

6 检验规则

6.1 检测项目分类

检测结果不符合本标准第 4 章相应要求时判该项目不合格。检测项目分类见表 2。

表 2 检测项目分类表

分类	项	检测项目名称
A	1	深松深度合格率
	2	邻接行距合格率
	3	漏耕

6.2 综合判定规则

对检测项目进行逐项考核。A 类项目全部合格时，判定深松机作业质量为合格；否则为不合格。

ICS 65.060.01
B 90

NY

中华人民共和国农业行业标准

NY/T 2846—2015

农业机械适用性评价通则

General rules of applicability evaluation for agricultural machinery

2015-10-09 发布

2015-12-01 实施

中华人民共和国农业部 发布

前　言

本标准按照 GB/T 1.1—2009 给出的规则起草。

本标准由农业部农业机械化管理司提出。

本标准由全国农业机械标准化技术委员会农业机械化分技术委员会(SAC/TC 201/SC 2)归口。

本标准起草单位：农业部农业机械试验鉴定总站。

本标准主要起草人：兰心敏、孙丽娟、杜金。

引　言

农业机械适用性评价通则是建立在《农业机械试验鉴定办法》和《农业机械试验鉴定　术语》（NY/T 2082—2011）理论基础上的评价方法。

农业机械适用性评价是结合当地农业生产实际进行的，评价结果具有相对性。农机使用者对农机产品性能的掌握程度和操作水平对适用性评价结果的影响是客观存在的，尽量采取措施降低其带来的影响是必要的。在可控条件下选择适用性评价的技术和方法，设计评价程序。

农业机械适用性评价关注的核心是农机产品在一定作业区域或作业对象条件下的作业质量和规定特性的保持能力，评价在使用说明书明示条件下进行，需要增加额外辅助措施才能完成作业的情况界定为不适用。适用性评价不考虑非自然原因、产品制造质量和使用不可靠等原因导致的故障。

具体产品适用性评价标准的制定有其针对性，而非本标准规定评价技术的简单罗列。

农业机械适用性评价通则

1 范围

本标准规定了农业机械适用性评价指标、评价内容、评价方法和评价规则。

本标准适用于农业机械试验鉴定的农业机械的适用性评价,其他目的的农业机械适用性评价可参照执行。

2 规范性引用文件

下列文件对于本文件的应用是必不可少的。凡是注日期的引用文件,仅注日期的版本适用于本文件。凡是不注日期的引用文件,其最新版本(包括所有的修改单)适用于本文件。

NY/T 2082—2011 农业机械试验鉴定 术语

3 术语和定义

NY/T 2082—2011界定的以及下列术语和定义适用于本文件。

3.1

适用性 applicability

农业机械产品在当地自然条件、作物品种和农作制度条件下,具有保持规定特性和满足当地农业生产要求的能力。

[NY/T 2082—2011,定义4.19]

3.2

适用性试验测评法 test methods for applicability

在明示的农业机械产品使用地区,选择若干有代表性的农业生产作业条件布点试验,根据试验检测结果评价农业机械适用性的方法。

3.3

适用性跟踪测评法 tracking and evaluation methods for applicability

在明示的农业机械产品使用地区,选择若干有代表性的农业生产作业条件下实际用户进行跟踪考核,根据考核结果评价农业机械适用性的方法。

3.4

适用性调查测评法 survey and evaluation methods for applicability

在明示的农业机械产品使用地区,选择若干有代表性的农业生产作业条件下的一定数量的用户进行使用情况调查,根据调查结果评价农业机械适用性的方法。

3.5

适用度 application degree

农业机械产品在当地实际使用条件下保持规定特性或满足农艺要求的程度。

4 评价内容

4.1 农业机械适用性(A)评价指标为适用度。

4.2 适用性评价的主要内容为产品适用性显著影响因素所决定的评价项目(B),包括作业能力、作业质量、动力性、通过性以及其他性能。评价内容因机具种类不同可以增减。主要评价项目应设置若干评价子项目(C)。玉米收获机适用性评价项目的设置参见附录 A。

5 评价方法

5.1 适用性试验测评法

5.1.1 试验项目确定

明确样机的适用性试验项目及其子项目,规定满足评价产品适用性要求的试验条件和测试方法。

5.1.2 试验区域及样机确定

5.1.2.1 在委托方明示的适用范围内,选择有代表性的主产区(主作业区)进行布点试验,各试验区域试验条件应尽可能涵盖确定的评价项目的不同水平。样机数量依据机具特性而定,各试验区域样机的数量应相同。应对委托方明示的产品特有功能,或能适用的具有显著影响的边界条件进行试验验证。

5.1.2.2 规定样机的要求、来源、抽样方法、抽样地点、抽样基数和抽样数量,说明样机用途。当样机可涵盖其他机型或有一致性要求时,应规定样机的涵盖条件和一致性条件。应明确对样机主要技术参数进行核对或测量的要求。

5.1.3 试验方法

明确评价项目的考核方法和评价结果的统计计算方法。有标准规定的,应按标准要求进行。无标准规定的,应研究规定非标准方法。

5.2 适用性跟踪测评法

5.2.1 跟踪项目确定

明确样机的适用性跟踪项目及其子项目,规定满足评价产品适用性要求的跟踪条件。

5.2.2 跟踪区域及样机确定

在委托方明示的适用范围内,选择有代表性的使用区域进行跟踪考核,选定的跟踪条件应尽可能涵盖确定的评价项目的不同水平。一般规定跟踪区域不少于 3 个,每个区域样机数量不少于 3 台,各跟踪区域样机的数量应相同。规定样机的要求、来源、数量和跟踪方法,说明样机用途。

5.2.3 跟踪方法

明确每台样机的跟踪时间,规定跟踪项目的考核方法和评价结果的统计计算方法,编制跟踪考核记录表,明确适用性跟踪测评表的编制要求和填写要求。

5.3 适用性调查测评法

5.3.1 调查项目确定

确定产品适用性调查项目及其子项目,明确各评价项目的类别和层级。

5.3.2 调查用户确定

在企业明示的适用范围内,根据被调查产品的适用特性,确定用户的分布区域及机具的作业时间要求等。用户分布区域的作业条件应尽可能涵盖适用性评价项目的不同水平。必要时,应明确用户的文化程度、作业年限、培训情况等要求。规定符合调查条件用户的最小样本量、抽样方法或原则、抽样基数和抽样数量,一般用户最小样本量不少于 45 户,调查区域不少于 3 个,每个调查区域的调查用户数不少于 15 户,单个调查区域内调查用户应平衡分布。调查区域及用户数量因不同机具可以增减。

5.3.3 调查方法

调查方法可采用现场走访调查、函调、电话调查等。规定调查内容,编制调查表格。确定调查项目的评价方法和调查结果的统计计算方法,以及剔除异常数据、在原区域进行补充调查的方法。

5.4 评价方法选用原则

对农业机械新产品、新技术,应优先采用适用性试验测评法。对技术成熟、拥有量大、分布区域广的农业机械,应优先采用适用性调查测评法或适用性跟踪测评法。

6 评价规则

6.1 适用性试验测评法

6.1.1 采用专家咨询法确定各评价项目及其子项目的权重系数。

设计权重测评表,组织长期从事农机产品设计开发、质量控制与管理、试验鉴定与推广等领域的专家,根据其专业知识和工作经验对不同层级评价项目的重要程度打分。专家人数一般不少于10人,各专家打分取平均值。计算各评价项目及其子项目的权重系数。

6.1.2 对各试验评价子项目进行量化和统计计算。

依据产品技术标准或当地农艺要求,确定各试验项目的评价标准,并逐一量化。各试验项目的试验结果与评价分值的对应关系见表1。项目 C_{ij} 的评价分值 E_{ij} 为同一区域所有样机试验结果评价分值的算术平均值。

表 1 试验结果与评价分值的对应关系

试验结果 T		评价分值 F_i
标准要求 $T \leqslant S$	标准要求 $T \geqslant S$	
$T < S(1-20\%)$	$T > S(1+20\%)$	5
$S(1-20\%) \leqslant T < S(1-10\%)$	$S(1+10\%) < T \leqslant S(1+20\%)$	4
$S(1-10\%) \leqslant T < S(1+10\%)$	$S(1-10\%) < T \leqslant S(1+10\%)$	3
$S(1+10\%) \leqslant T < S(1+20\%)$	$S(1-20\%) < T \leqslant S(1-10\%)$	2
$T \geqslant S(1+20\%)$	$T \leqslant S(1-20\%)$	1
注:S 为标准规定或农艺要求的合格指标。		

6.1.3 按式(1)、式(2)计算样机在某一试验区域内的适用度。

$$E = \sum_{i=1}^{n} E_i S_i \quad\cdots\cdots\cdots\cdots\cdots\cdots\cdots\cdots\cdots\cdots\cdots\cdots\cdots\quad (1)$$

$$E_i = \sum_{j=1}^{m} E_{ij} S_{ij} \quad\cdots\cdots\cdots\cdots\cdots\cdots\cdots\cdots\cdots\cdots\cdots\cdots\quad (2)$$

式中:

E ——某一区域内样机的适用性评价分值,即适用度;

E_i ——评价项目 B_i 的评价分值;

S_i ——评价项目 B_i 的权重系数;

n ——评价项目 B_i 的个数;

E_{ij} ——评价子项目 C_{ij} 的评价分值;

S_{ij} ——评价子项目 C_{ij} 的权重系数;

m ——评价项目 B_i 的子项目 C_{ij} 的个数。

6.1.4 按式(3)计算样机在多个试验区域内的适用度。

$$E_z = \frac{\sum_{p=1}^{N} E_p}{N} \quad\cdots\cdots\cdots\cdots\cdots\cdots\cdots\cdots\cdots\cdots\cdots\cdots\quad (3)$$

式中:

E_z ——多个区域内样机的适用性评价分值,即适用度;

E_p ——区域 p 内样机的适用性评价分值;

N ——区域数量。

6.1.5 对委托方明示的产品特有功能或能适用的边界条件进行试验验证。

在委托方明示的,对产品适用性具有显著影响的边界条件下进行性能试验,验证试验结果与产品技术标准或当地农艺要求的符合性。

6.2 适用性跟踪测评法

6.2.1 采用专家咨询法确定各评价项目及其子项目的权重系数。

6.2.2 对各跟踪评价子项目进行等级划分、量化和统计计算。

对各评价子项目的跟踪考核结果进行五级分等,并分别赋以分值 5、4、3、2、1。项目 C_{ij} 的评价分值 E_{ij} 为同一区域所有样机跟踪考核结果评价分值的算术平均值。

6.2.3 按式(1)、式(2)计算样机在某一跟踪区域内的适用度。

6.2.4 按式(3)计算样机在多个跟踪区域内的适用度。

6.3 适用性调查测评法

6.3.1 采用专家咨询法确定评价项目及其子项目的权重系数。

6.3.2 对各调查评价子项目进行等级划分、量化和统计计算。

对每一 C 类子项目的用户评价结果按优、良、中、较差和差进行五级分等,并分别赋以分值 5、4、3、2、1。项目 C_{ij} 的评价分值 E_{ij} 为同一区域所有调查用户对其评价分值的算术平均值。

6.3.3 按式(1)、式(2)计算产品在某一调查区域内的适用度。

6.3.4 按式(3)计算产品在多个调查区域内的适用度。

6.4 评价结论

6.4.1 适用度与评价结果的对应关系见表2。

表 2 适用度与评价结果对应关系

适用度 E	$E<3$	$3\leqslant E\leqslant 4$	$E>4$
评价结果	不适用	基本适用	适用

6.4.2 依据适用度对产品进行适用性评价,评价结论为适用、基本适用和不适用。适用、基本适用和不适用的情况应分别计算 E_z,分别表述评价结论,不适用的评价项目应做说明。边界条件试验具体情况应单独说明,并表述评价结论。

附 录 A

（资料性附录）

玉米收获机适用性评价项目

玉米收获机适用性评价项目见表 A.1。

表 A.1 玉米收获机适用性评价项目

评价项目		评价子项目
适用性 A	作业能力 B_1	玉米产量的适用情况 C_{11}
		玉米倒伏程度的适用情况 C_{12}
		玉米种植行距（垄距）的适用情况 C_{13}
		玉米结穗高度的适用情况 C_{14}
		地形坡度的适用情况 C_{15}
		……
	作业质量 B_2	籽粒损失情况 C_{21}
		果穗损失情况 C_{22}
		籽粒破碎情况 C_{23}
		留茬情况 C_{24}
		秸秆粉碎效果 C_{25}
		苞叶剥净情况 C_{26}
		……
	动力性 B_3	配套发动机的合理性 C_{31}
		动力匹配情况 C_{32}
		……
	通过性 B_4	驱动轮滑转情况 C_{41}
		陷车情况 C_{42}
		大小田块的适用情况 C_{43}
		地头转弯情况 C_{44}
		机耕道及田间行走情况 C_{45}
		……
	其他性能 B_i	……C_{ij}
		……

ICS 65.060.30
B 91

NY

中华人民共和国农业行业标准

NY/T 2847—2015

小麦免耕播种机适用性评价方法

Applicability evaluation methodology of wheat no-tillage seeders

2015-10-09 发布

2015-12-01 实施

中华人民共和国农业部 发布

前　言

本标准按照 GB/T 1.1—2009 给出的规则起草。

本标准由农业部农业机械化管理司提出。

本标准由全国农业机械标准化技术委员会农业机械化分技术委员会(SAC/TC 201/SC 2)归口。

本标准起草单位:农业部农业机械试验鉴定总站。

本标准主要起草人:刘博、金红伟、田金明、徐子晟、仵建涛。

小麦免耕播种机适用性评价方法

1 范围

本标准规定了小麦免耕播种机适用性评价项目及权重、主要影响因素及水平、评价条件、评价方法和判定。

本标准适用于小麦免耕播种机适用性评价。

2 规范性引用文件

下列文件对于本文件的应用是必不可少的。凡是注日期的引用文件,仅注日期的版本适用于本文件。凡是不注日期的引用文件,其最新版本(包括所有的修改单)适用于本文件。

GB 4404.1—2008 粮食作物种子 第1部分:禾谷类

GB/T 5262—2008 农业机械试验条件 测定方法的一般规定

GB/T 9478—2005 谷物条播机 试验方法

NY/T 2190—2012 机械化保护性耕作 名词术语

3 术语和定义

NY/T 2190—2012界定的以及下列术语和定义适用于本文件。

3.1

小麦免耕播种机 wheat no-tillage seeder

用于在有作物秸秆覆盖并未经翻耕的地块上进行小麦播种作业的机具。

3.2

植被覆盖量 vegetation cover quantity

地表上单位面积内覆盖的秸秆和杂草的质量。

3.3

机具通过性 pass through ability of machinery

在规定条件下,机具克服残茬雍堵保持正常作业的能力。

[NY/T 2190—2012,定义2.25]

3.4

晾籽 seeds on surface after sowing

免耕播种作业后,裸露在地表的种子。

3.5

小麦免耕播种机适用度 applicability degrees of wheat no-tillage seeder

小麦免耕播种机对作业条件的适应程度。

4 评价项目及权重

小麦免耕播种机适用性评价项目及其权重见表1。

表1 小麦免耕播种机适用性评价项目及其权重

序号	项目名称	权重
1	通过性	0.70

表 1（续）

序号	项目名称	权重
2	播种深度合格率	0.16
3	田间播种均匀性变异系数	0.14

5 主要影响因素及水平

5.1 前茬作物

前茬作物为小麦、玉米。

5.2 秸秆处理方式

小麦秸秆处理方式分为根茬覆盖、秸秆粉碎覆盖和整秆覆盖；玉米秸秆处理方式分为根茬覆盖、秸秆粉碎覆盖。

5.3 秸秆覆盖量

在秸秆含水率为17%的情况下，玉米根茬覆盖时，其秸秆覆盖量为 0.2 kg/m²～0.6 kg/m²；其他情况时，秸秆覆盖量均分为两个水平。小麦根茬地秸秆覆盖量分别为 0.2 kg/m²～0.7 kg/m² 和 0.7 kg/m²～1.0 kg/m²；小麦秸秆粉碎覆盖地和整秆覆盖地秸秆覆盖量分别为 0.4 kg/m²～0.7 kg/m² 和 0.7 kg/m²～1.0 kg/m²；玉米秸秆粉碎覆盖地秸秆覆盖量分别为 1.2 kg/m²～2.0 kg/m² 和 2.0 kg/m²～4.0 kg/m²。

6 评价条件

对明示适用前茬为小麦地作业的，适用性评价条件见表2；明示适用前茬为玉米地作业的，适用性评价条件见表3；明示适用前茬为小麦和玉米地作业的，适用性评价条件见表4。当前茬作物、秸秆处理方式、秸秆覆盖量相对单一，可选择部分评价条件进行试验。

表 2 适用前茬作物为小麦的适用性评价条件

序号	秸秆处理方式及覆盖量
1	□ L11：采用根茬覆盖，秸秆覆盖量较小，为 0.2 kg/m²～0.7 kg/m²
2	□ L12：秸秆粉碎覆盖，秸秆覆盖量较小，为 0.4 kg/m²～0.7 kg/m²
3	□ L13：秸秆粉碎覆盖，秸秆覆盖量较大，为 0.7 kg/m²～1.0 kg/m²
4	□ L14：采用整秆覆盖，秸秆覆盖量较小，为 0.4 kg/m²～0.7 kg/m²
5	□ L15：采用整秆覆盖，秸秆覆盖量较大，为 0.7 kg/m²～1.0 kg/m²

表 3 适用前茬作物为玉米的适用性评价条件

序号	秸秆处理方式及覆盖量
1	□ L21：采用根茬覆盖，秸秆覆盖量为 0.2 kg/m²～0.6 kg/m²
2	□ L22：秸秆粉碎覆盖，秸秆覆盖量较小，为 1.2 kg/m²～2.0 kg/m²
3	□ L23：秸秆粉碎覆盖，秸秆覆盖量较大，为 2.0 kg/m²～4.0 kg/m²

表 4 适用前茬作物为小麦和玉米的适用性评价条件

序号	前茬作物、秸秆处理方式及覆盖量
1	□ L31：前茬作物为小麦，采用根茬覆盖，秸秆覆盖量较大，为 0.7 kg/m²～1.0 kg/m²
2	□ L32：前茬作物为小麦，采用秸秆粉碎覆盖，秸秆覆盖量较大，为 0.7 kg/m²～1.0 kg/m²
3	□ L33：前茬作物为小麦，采用整秆覆盖，秸秆覆盖量较大，为 0.7 kg/m²～1.0 kg/m²
4	□ L34：前茬作物为玉米，采用根茬覆盖，秸秆覆盖量为 0.2 kg/m²～0.6 kg/m²
5	□ L35：前茬作物为玉米，采用秸秆粉碎覆盖，秸秆覆盖量较小，为 1.2 kg/m²～2.0 kg/m²
6	□ L36：前茬作物为玉米，采用秸秆粉碎覆盖，秸秆覆盖量较大，为 2.0 kg/m²～4.0 kg/m²

7 评价方法

7.1 试验评价方法

7.1.1 试验条件和准备

7.1.1.1 配套动力

按使用说明书要求选择配套拖拉机,拖拉机技术状态应良好。

7.1.1.2 试验用样机

按使用说明书要求将样机调整至正常使用状态。

7.1.1.3 试验用种子

试验用种子应符合 GB 4404.1—2008 中 4.2.3 规定的小麦种子质量要求。

7.1.1.4 试验地

根据评价条件选择试验用地,长度不少于 80 m。调查(测定)土壤坚实度、前茬作物、秸秆含水率、秸秆处理方式和植被覆盖量等作业条件,测定的相关内容按 GB/T 5262—2008 进行。

7.1.2 评价项目测定

7.1.2.1 通过性

在符合评价条件设定的条件下,按设计的正常工作速度匀速作业,测区长度不少于 60 m,往返各一个行程。逐行观察作业过程中雍堵、拖堆情况,测量晾籽长度,记录观测结果。按表 5 要求以 100 分为基础进行计分。

表 5　堵塞程度分类及评分办法

堵塞程度分类	堵塞程度现象表述	堵塞分值
重度堵塞	机具被秸秆和杂草堵塞,需停机处理后方能正常工作,每处理一次计一次重度堵塞;每出现一次 1.5 m 以上的连续晾籽、断条的现象时,计一次重度堵塞;同时出现不重复计	每一次重度堵塞减 30 分
中度堵塞	机具被秸秆和杂草经常堵塞,但不需停机处理,计一次中度堵塞;每出现一次 0.5 m～1.5 m 的连续晾籽、断条的现象时,计一次中度堵塞	每一次中度堵塞减 15 分
轻度堵塞	机具被秸秆和杂草偶尔堵塞,但不需停机处理,计一次轻度堵塞;每出现一次小于 0.5 m 的连续晾籽、断条的现象时,计一次轻度堵塞	每一次轻度堵塞减 10 分

7.1.2.2 播种深度合格率

按 GB/T 9478—2005 中 B.2.5 的规定进行测定,计算播种深度合格率。

7.1.2.3 田间播种均匀性变异系数

按 GB/T 9478—2005 中 B.2.4 的规定进行测定,计算田间播种均匀性变异系数。

7.2 用户调查评价方法

7.2.1 调查内容

调查的内容为通过性、播种深度合格率、田间播种均匀性的满意程度。适用性用户调查表见表 A.1、表 A.2、表 B.1、表 B.2、表 C.1 和表 C.2。

7.2.2 调查数量

每种评价条件调查用户数不少于 5 户。

7.2.3 调查方式

调查方式采用实地调查、函调或电话调查,其中每种评价条件采用实地调查用户不少于 2 户。

7.2.4 调查结果及评分标准

7.2.4.1 通过性调查分"不堵塞"、"断续堵塞,人工处理后仍能工作"、"时常堵塞,需人工不断处理方能

工作"、"严重堵塞,不能正常作业"4种情况,相应的赋分值为90分、80分、65分、50分,合计总得分并计算平均分 x_i。

7.2.4.2 播种深度调查分为"好"、"较好"、"一般"、"差"4种情况,相应的赋分值为95分、85分、70分、55分,合计总得分并计算平均分 x_i。

7.2.4.3 田间播种均匀性调查分为"好"、"较好"、"一般"、"差"4种情况,相应的赋分值为10分、25分、50分、70分,合计总得分并计算平均分 x_i。

7.3 评价方法选择

在可能的情况下优先选择试验评价方法。

8 判定

8.1 各评价项目的功效系数计算

按照式(1)计算各评价项目的功效系数。

$$D_i = \frac{x_i - x_{is}}{x_{ih} - x_{is}} \times 20 + 80 \quad\cdots\cdots (1)$$

式中:

D_i——第 i 项评价项目的功效系数;

x_i——表示第 i 项评价项目的实际值;

x_{is}——表示第 i 项评价项目的不允许值;

x_{ih}——表示第 i 项评价项目的满意值。

各评价项目的不允许值 x_{is} 和满意值 x_{ih} 见表6。

表6 各评价项目的不允许值和满意值

序号	评价项目	不允许值(x_{is})	满意值(x_{ih})
1	通过性	<70	100
2	播种深度合格率,%	<75	100
3	田间播种均匀性变异系数,%	>45	0

8.2 各种评价条件适用度计算

根据计算出的各评价项目的功效系数及其相应的权重,按照式(2)计算各种评价条件的适用度。

$$P_j = \sum_{i=1}^{3} D_i \times W_i \quad\cdots\cdots (2)$$

式中:

P_j——第 j 种评价条件的适用度;

W_i——第 i 项评价项目所占的权重。

8.3 适用度计算

机具的适用度为各种评价条件适用度的算数平均值,按照式(3)计算。

$$P = \sum_{j=1}^{n} P_j / n \quad\cdots\cdots (3)$$

式中:

n——评价条件种数(对于表1 $n=5$;表2 $n=3$;表3 $n=6$)。

8.4 适用性评价

8.4.1 评价原则

适用性根据小麦免耕播种机适用度的大小,可被评为适用、基本适用和不适用。

160

8.4.2 单项判定

$P_j \geqslant 80$,该种评价条件下适用;当 $75 \leqslant P_j < 80$,该种评价条件下基本适用;当 $P_j < 75$ 时,该种评价条件下不适用。

8.4.3 综合判定

当 $P \geqslant 80$,且 $P_j \geqslant 75$ 时,小麦免耕播种机评价为适用;当 $75 \leqslant P < 80$,且 $P_j \geqslant 70$ 时,小麦免耕播种机评价为基本适用;当 $P < 75$,或 $P_j < 70$ 时,小麦免耕播种机评价为不适用。

8.4.4 结论表述

适用性评价报告应给出明确的判定结论。当判定结论为"基本适用"或"不适用"时,应对不适用的作业条件进行说明。

附 录 A
（规范性附录）
适用性用户调查及汇总表（前茬作物为小麦）

A.1 适用性用户调查表（前茬作物为小麦）

见表 A.1。

表 A.1 适用性用户调查表（前茬作物为小麦）

调查地点： 调查日期： 年 月 日

用户情况	姓 名		联系电话		
	住 址				
	文化程度				
	使用农机年限				
机器情况	名 称	小麦免耕播种机	型 号		结构型式
	生产企业				
	购买日期				
	总工作时间,h				
	累计作业量,hm²				
评价条件	□ L11:采用根茬覆盖,秸秆覆盖量较小,约为 0.2 kg/m²～0.7 kg/m² □ L12:秸秆粉碎覆盖,秸秆覆盖量较小,约为 0.4 kg/m²～0.7 kg/m² □ L13:秸秆粉碎覆盖,秸秆覆盖量较大,约为 0.7 kg/m²～1.0 kg/m² □ L14:采用整秆覆盖,秸秆覆盖量较小,约为 0.4 kg/m²～0.7 kg/m² □ L15:采用整秆覆盖,秸秆覆盖量较大,约为 0.7 kg/m²～1.0 kg/m²				
	通过性	□不堵塞 □断续堵塞,人工处理后仍能工作 □时常堵塞,需人工不断处理方能工作 □严重堵塞,不能正常作业			
	播种深度	□好	□较好	□一般	□差
	田间播种均匀性	□好	□较好	□一般	□差

注:每张用户调查表仅允许勾选一种"评价条件";每种评价条件至少应调查 5 户(或台)。

调查人： 记录人：

A.2 适用性用户调查汇总表（前茬作物为小麦）

见表 A.2。

表 A.2 适用性用户调查汇总表（前茬作物为小麦）

调查地点： 调查日期： 年 月 日

机器情况	名 称	小麦免耕播种机			型 号												
	生产企业																
评价条件及性能情况	通过性						播种深度						田间播种均匀性				
	不堵塞户	断续堵塞户	时常堵塞户	严重堵塞户	总分	平均分 x_i	好户	较好户	一般户	差户	总分	平均分 x_i	好户	较好户	一般户	差户	总分	平均分 x_i
L11																	
L12																	
L13																	
L14																	
L15																	

注1:表中"户"指"户(或台)"。
注2:"总分"为在不同评价条件中,该指标的各评价项目所统计的户(或台)数与相对应分值的乘积之和。
注3:"平均分"为在不同评价条件中,该指标总分除以其各个评价项目的总户(或台)数。

汇总人： 校核人：

附　录　B
（规范性附录）
适用性用户调查及汇总表（前茬作物为玉米）

B.1 适用性用户调查表（前茬作物为玉米）

见表 B.1。

表 B.1　适用性用户调查及汇总表（前茬作物为玉米）

调查地点：　　　　　　　　　　　　　　　　　　　　　　　调查日期：　　年　　月　　日

用户情况	姓　　名		联系电话			
	住　　址					
	文化程度					
	使用农机年限					
机器情况	名　　称	小麦免耕播种机	型　号		结构型式	
	生产企业					
	购买日期					
	总工作时间,h					
	累计作业量,hm²					
评价条件	□L21:采用根茬覆盖,秸秆覆盖量为 0.2 kg/m²～0.6 kg/m²					
	□L22:秸秆粉碎覆盖,秸秆覆盖量较小,约为 1.2 kg/m²～2.0 kg/m²					
	□L23:秸秆粉碎覆盖,秸秆覆盖量较大,约为 2.0 kg/m²～4.0 kg/m²					
	通过性	□不堵塞 □断续堵塞,人工处理后仍能工作 □时常堵塞,需人工不断处理方能工作 □严重堵塞,不能正常作业				
	播种深度	□好	□较好	□一般	□差	
	田间播种均匀性	□好	□较好	□一般	□差	
注:每张用户调查表仅允许勾选一种"评价条件";每种评价条件至少应调查 5 户(或台)。						

调查人：　　　　　　　　　　　　　　　　记录人：

B.2 适用性用户调查汇总表（前茬作物为玉米）

见表 B.2。

表 B.2　适用性用户调查汇总表（前茬作物为玉米）

调查地点：　　　　　　　　　　　　　　　　　　　　　　　调查日期：　　年　　月　　日

机器情况	名　　称	小麦免耕播种机			型　号											
	生产企业															
评价条件及性能情况	通过性						播种深度						田间播种均匀性			
	不堵塞户	断续堵塞户	时常堵塞户	严重堵塞户	总分	平均分 x_i	好户	较好户	一般户	差户	总分	平均分 x_i	好户	较好户	一般户	差户	总分	平均分 x_i
L21																
L22																
L23																

注1:表中"户"指"户(或台)"。

注2:"总分"为在不同评价条件中,该指标的各评价项目所统计的户(或台)数与相对应分值的乘积之和。

注3:"平均分"为在不同评价条件中,该指标总分除以其各个评价项目的总户(或台)数。

汇总人：　　　　　　　　　　　　　　　　校核人：

附　录　C

（规范性附录）

适用性用户调查及汇总表（前茬作物为小麦和玉米）

C.1　适用性用户调查表（前茬作物为小麦和玉米）

见表C.1。

表C.1　适用性用户调查表（前茬作物为小麦和玉米）

调查地点：　　　　　　　　　　　　　　　　　　　　　　　调查日期：　　年　　月　　日

用户情况	姓　　名		联系电话	
	住　　址			
	文化程度			
	使用农机年限			
机器情况	名　　称	小麦免耕播种机	型　号		结构型式	
	生产企业				
	购买日期				
	总工作时间,h				
	累计作业量,hm²				
评价条件	□L31:前茬作物为小麦,采用根茬覆盖,秸秆覆盖量较大,约为0.7 kg/m²～1.0 kg/m² □L32:前茬作物为小麦,采用秸秆粉碎覆盖,秸秆覆盖量较大,约为0.7 kg/m²～1.0 kg/m² □L33:前茬作物为小麦,采用整秆覆盖,秸秆覆盖量较大,约为0.7 kg/m²～1.0 kg/m² □L34:前茬作物为玉米,采用根茬覆盖,秸秆覆盖量为0.2 kg/m²～0.6 kg/m² □L35:前茬作物为玉米,采用秸秆粉碎覆盖,秸秆覆盖量较小,约为1.2 kg/m²～2.0 kg/m² □L36:前茬作物为玉米,采用秸秆粉碎覆盖,秸秆覆盖量较大,约为2.0 kg/m²～4.0 kg/m²				
通过性	□不堵塞 □断续堵塞,人工处理后仍能工作 □时常堵塞,需人工不断处理方能工作 □严重堵塞,不能正常作业				
播种深度	□好　　　□较好　　　□一般　　　□差				
田间播种均匀性	□好　　　□较好　　　□一般　　　□差				
注:每张用户调查表仅允许勾选一种"评价条件";每种评价条件至少应调查5户(或台)。					

调查人：　　　　　　　　　　　　记录人：

164

C.2 适用性用户调查汇总表(前茬作物为小麦和玉米)

见表 C.2。

表 C.2 适用性用户调查汇总表(前茬作物为小麦和玉米)

调查地点：　　　　　　　　　　　　　　　　调查日期：　　　年　　月　　日

机器情况	名　　称		小麦免耕播种机			型　号														
	生产企业																			
评价条件及性能情况	通过性						播种深度						田间播种均匀性						
	不堵塞户	断续堵塞户	时常堵塞户	严重堵塞户	总分	平均分 x_i	好户	较好户	一般户	差户	总分	平均分 x_i	好户	较好户	一般户	差户	总分	平均分 x_i
L31																		
L32																		
L33																		
L34																		
L35																		
L36																		

注1：表中"户"指"户(或台)"。

注2："总分"为在不同评价条件中,该指标的各评价项目所统计的户(或台)数与相对应分值的乘积之和。

注3："平均分"为在不同评价条件中,该指标总分除以其各个评价项目的总户(或台)数。

汇总人：　　　　　　　　　　　　　校核人：

ICS 65.060.50
B 91

NY

中华人民共和国农业行业标准

NY/T 2848—2015

谷物联合收割机可靠性评价方法

Reliability evaluation methods for grain combine harvesters

2015-10-09 发布 2015-12-01 实施

中华人民共和国农业部 发布

前　言

本标准按照 GB/T 1.1—2009 给出的规则起草。

本标准由农业部农业机械化管理司提出。

本标准由全国农业机械标准化技术委员会农业机械化分技术委员会(SAC/TC 201/SC 2)归口。

本标准起草单位:山西省农业机械质量监督管理站、江苏沃得农业机械股份有限公司、山东金亿机械制造有限公司。

本标准主要起草人:赵建红、邢立成、吴庆波、张艺辉、张玉芬、唐一磊、王芳。

谷物联合收割机可靠性评价方法

1 范围

本标准规定了谷物联合收割机可靠性评价的故障分级及记录、考核指标、考核方法、考核方法选择和评价规则。

本标准适用于谷物联合收割机试验鉴定的可靠性评价。

2 规范性引用文件

下列文件对于本文件的应用是必不可少的。凡是注日期的引用文件，仅注日期的版本适用于本文件。凡是不注日期的引用文件，其最新版本（包括所有的修改单）适用于本文件。

GB/T 5667 农业机械 生产试验方法

JB/T 6287—2008 谷物联合收割机 可靠性评定试验方法

NY/T 2613 农业机械可靠性评价通则

3 术语和定义

GB/T 5667 和 NY/T 2613 界定的术语和定义适用于本文件。

4 故障分级及记录

4.1 故障分级原则

故障按其危害程度分为三级：致命故障、严重故障和一般故障。故障级别代号、名称和基本特征见表1。

表 1 故障分级

故障级别代号	故障名称	故障基本特征
I	致命故障	导致功能完全丧失；危及作业、人身安全或引起重要总成（系统）报废。如发动机报废或转向、制动系统完全失灵
II	严重故障	导致功能严重下降；主要零部件损坏，关键部位紧固件损坏。如发动机曲轴、活塞、缸套和轴瓦，变速箱齿轮，脱粒滚筒，行走和滚筒无级变速带，纹杆和驱动轮螺栓等损坏
III	一般故障	导致功能下降，不能正常作业；一般零部件和标准件损坏或脱落，通过调整或更换在短时间内可修复。如更换链轮、一般传动带或轴承，升运器轴损坏、冲压零部件（运动件）开焊等

4.2 故障记录

4.2.1 谷物联合收割机的故障模式及分类按 JB/T 6287—2008 中第7章、第8章和附录 A 的规定进行，但在计算评价谷物联合收割机的可靠性指标时，轻微故障除外。

4.2.2 每台样机应分别如实记录所发生的故障情形，包括故障名称、发生时间、作业面积、故障修复时间、故障级别等内容；必要时，对故障进行适当描述。

4.2.3 发生关联故障时，按一次故障计，按危害程度最严重的故障确定故障级别。

4.2.4 多个故障同时发生但无关联关系时，应分别记录故障名称，按危害程度最严重的故障确定故障级别，按一次故障计。

4.2.5 故障排除以后重复出现的同样故障，按又发生一次故障计。

4.2.6 误用故障不记入故障次数,但应如实记录。

4.2.7 按说明书规定进行的定期保养和更换易损件,不作为故障,但应记录具体内容和维护保养时间。

注:维护保养时间是指为完成使用说明书规定的维护保养所需要的时间。

5 考核指标

5.1 有效度

有效度按式(1)计算。

$$A = \frac{\sum_{i=1}^{n} t_{zi}}{\sum_{i=1}^{n} t_{zi} + \sum_{i=1}^{n} t_{gi}} \times 100 \quad \cdots\cdots\cdots\cdots\cdots\cdots\cdots\cdots\cdots\cdots\cdots \quad (1)$$

式中:

A ——有效度,单位为百分率(%);

n ——样机台数;

t_{zi} ——第 i 台样机的累计工作时间,单位为小时(h);

t_{gi} ——第 i 台样机的累计故障修复时间,单位为小时(h)。

5.2 平均当量故障间隔时间

当量故障数、平均当量故障间隔时间分别按式(2)和式(3)计算。

$$f_d = \lambda_1 \times f_1 + \lambda_2 \times f_2 + \lambda_3 \times f_3 \quad \cdots\cdots\cdots\cdots\cdots\cdots\cdots\cdots \quad (2)$$

式中:

f_d ——当量故障数,单位为个;

λ_1 ——致命故障(Ⅰ类)的当量系数,$\lambda_1 = 20$;

f_1 ——Ⅰ类故障数,单位为个;

λ_2 ——严重故障(Ⅱ类)的当量系数,$\lambda_2 = 5$;

f_2 ——Ⅱ类故障数,单位为个;

λ_3 ——一般故障(Ⅲ类)的当量系数,$\lambda_3 = 1$;

f_3 ——Ⅲ类故障数,单位为个。

$$\mathrm{MTBF}_d = \frac{1}{f_d} \sum_{i=1}^{n} t_{zi} \quad \cdots\cdots\cdots\cdots\cdots\cdots\cdots\cdots\cdots\cdots\cdots \quad (3)$$

式中:

MTBF_d ——平均当量故障间隔时间,单位为小时(h);

当 $f_d = 0$ 时,规定 $\mathrm{MTBF}_d > \sum_{i=1}^{n} t_{zi}$。

5.3 用户满意度

用户满意度按式(4)计算。

$$S = \frac{1}{m} \sum_{i=1}^{m} s_i \quad \cdots\cdots\cdots\cdots\cdots\cdots\cdots\cdots\cdots\cdots\cdots\cdots\cdots \quad (4)$$

式中:

S ——用户满意度;

m ——调查的用户数;

s_i ——第 i 个用户给出的满意度分值。

6 考核方法

6.1 生产试验

样机应从经制造厂检验合格的近一年生产的产品中随机抽取。抽样基数不少于 5 台,抽样数量为 2 台。依据 GB/T 5667 对每台样机进行工作时间 200 h 的生产试验。生产试验相关记录与汇总参见附录 A 中表 A.1 和表 A.2。有效度按式(1)计算,平均当量故障间隔时间按式(3)计算。

6.2 跟踪考核

6.2.1 样机确定

样机应从当年销售的产品中预先选择具有代表性的用户 10 个,随机抽取 3 台。

6.2.2 跟踪考核时间

依据 GB/T 5667 对每台样机进行工作时间 100 h 的跟踪考核,待工作时间达到定时截尾后收集跟踪考核记录。

6.2.3 用户要求及培训

用户应具有完成作业日记的能力。企业应对用户进行谷物联合收割机的使用和保养培训;考核单位应对用户进行试验内容、要求及记录方法等方面的培训。

6.2.4 跟踪考核方式

跟踪考核采用跟踪生产查定、用户定期信息反馈、定期远程查询的方式:

a) 跟踪生产查定:在整个考核期内,跟踪考核人员应在开始、中间、结束之前,各进行一次跟踪,每次 4 h 以上,了解机器收割情况、检查指导用户记录;

b) 用户定期信息反馈:考核期内,用户在每个作业日如实记录谷物联合收割机试验情况,定期向考核人反馈试验信息;

c) 定期远程查询:考核人可采用电话、短信或网络视频等方式,按计划与被跟踪考核用户进行交流,了解谷物联合收割机可靠性考核进度、故障发生情况等。

6.2.5 跟踪考核记录

谷物联合收割机可靠性跟踪考核应在每个作业日及时记录,记录表参见附录 A 中表 A.1。

6.2.6 数据处理

跟踪考核人员参见附录 A 中表 A.2 进行汇总。按式(1)计算有效度,按式(3)计算平均当量故障间隔时间。

6.3 生产查定

6.3.1 样机应从经制造厂检验合格的近一年生产的产品中随机抽取。抽样基数不少于 5 台,抽样数量为 2 台。

6.3.2 对谷物联合收割机进行 3 个班次的生产考核,每班次工作时间不少于 6 h。参见附录 A 中表 A.1 和表 A.2 进行记录与汇总。按式(1)计算有效度。

6.4 用户调查

6.4.1 在不少于 50 个且收获满一个作业季节(或作业面积超过 30 hm²)的近两年销售的产品中,对 3 个主要销售区域的用户,随机抽取 10 户进行调查。

6.4.2 用户调查采用现场调查、电话调查和信函调查,其中现场调查用户数应不少于调查用户总数的 50%,采用信函调查时,应提供填表说明。

6.4.3 用户调查按附录 B 中表 B.1 和表 B.2 进行记录与汇总。按式(4)计算用户满意度。

7 考核方法选择

7.1 生产试验法一般用于批量生产前的可靠性评价。

7.2 跟踪考核法一般用于市场累计销量较少的谷物联合收割机可靠性评价。

7.3 用户调查法用于批量生产销售两年以上的谷物联合收割机可靠性评价。

7.4 生产试验法和跟踪考核法可独立进行可靠性评价。

7.5 生产查定法和用户调查法应结合使用进行可靠性评价。

8 评价规则

8.1 可靠性考核期间,有一台样机出现致命故障或调查中确认有一个用户发生过致命故障时,可靠性评价结论为不合格。

8.2 依据生产试验结果进行评价的,满足平均当量故障间隔时间≥20 h、有效度≥95%,可靠性评价判定为合格,否则判定为不合格。

8.3 依据跟踪考核结果进行评价的,满足平均当量故障间隔时间≥20 h、有效度≥95%,可靠性评价判定为合格,否则判定为不合格。

8.4 依据生产查定结合用户调查结果进行评价的,满足有效度≥98%、用户满意度≥80,可靠性评价判定为合格,否则判定为不合格。

附 录 A
（资料性附录）
谷物联合收割机可靠性试验记录及汇总表

A.1 可靠性试验记录表

见表 A.1。

表 A.1 可靠性试验记录表

样机型号：　　　　　　　出厂编号：　　　　　　　驾驶人员：
试验地点：　　　　　　　　　　　　试验日期：　年　月　日

日期	工作时间 min	收获面积 hm²	故障		修复时间 min
			零部件名称	原因及排除方法	

记录人：　　　　　　　　　　　　　　　　校核人：

A.2 可靠性试验汇总表

见表 A.2。

表 A.2 可靠性试验汇总表

样机型号：　　　　　　　　　　　　试验地点：
试验日期：　年　月　日至　年　月　日　　汇总日期：　年　月　日

出厂编号	序号	故障名称	故障原因及排除方法	故障类别	修复时间 min	故障数 f	当量故障数 f_d [a]
						$f_1=$	
						$f_2=$	$f_d=$
						$f_3=$	
						$f_1=$	
						$f_2=$	$f_d=$
						$f_3=$	
		工作时间		h	修复时间		h
		工作时间		h	修复时间		h
合计		工作时间		h	修复时间		h
[a] $f_d=(20f_1+5f_2+f_3)$							

汇总人：　　　　　　　　　　　　　　　校核人：

附　录　B

（规范性附录）

谷物联合收割机可靠性用户调查记录及汇总表

B.1　可靠性用户调查记录表

见表 B.1。

表 B.1　可靠性用户调查记录表

调查单位：　　　　　　　　　　　　　　　　　　　　　调查日期：　　　年　　月　　日

<table>
<tr><td rowspan="4">用户情况</td><td>姓名</td><td></td><td>年龄</td><td></td><td>文化程度</td><td colspan="2">小学及以下　初中　高中及以上</td></tr>
<tr><td>电话</td><td colspan="3"></td><td>从事机务工作时间</td><td></td><td>年</td></tr>
<tr><td>地址</td><td colspan="6"></td></tr>
<tr><td>培训情况</td><td colspan="2">专业培训</td><td colspan="2">上机前培训</td><td colspan="2">未经过培训</td></tr>
<tr><td rowspan="4">机具情况</td><td>规格型号</td><td colspan="2"></td><td>出厂编号</td><td colspan="3"></td></tr>
<tr><td>结构型式</td><td colspan="2"></td><td>出厂日期</td><td colspan="3"></td></tr>
<tr><td>生产企业</td><td colspan="2"></td><td>配套动力</td><td colspan="3"></td></tr>
<tr><td>销售商</td><td colspan="2"></td><td>购买日期</td><td colspan="3"></td></tr>
<tr><td rowspan="2">使用情况</td><td>总工作时间</td><td colspan="2">h</td><td>总作业量</td><td colspan="2"></td><td>hm²</td></tr>
<tr><td>燃油总消耗量</td><td colspan="2">kg</td><td>作业效率</td><td colspan="2"></td><td>hm²/h</td></tr>
</table>

<table>
<tr><td rowspan="7">可靠性情况</td><td>故障发生日期</td><td>故障名称</td><td>故障原因</td><td>处置方法</td><td>修复时间
min</td><td>故障类别</td></tr>
<tr><td></td><td></td><td></td><td></td><td></td><td></td></tr>
<tr><td></td><td></td><td></td><td></td><td></td><td></td></tr>
<tr><td></td><td></td><td></td><td></td><td></td><td></td></tr>
<tr><td></td><td></td><td></td><td></td><td></td><td></td></tr>
<tr><td></td><td></td><td></td><td></td><td></td><td></td></tr>
<tr><td></td><td></td><td></td><td></td><td></td><td></td></tr>
</table>

<table>
<tr><td rowspan="8">用户满意度调查</td><td colspan="2">用户满意度</td><td rowspan="2">故障情况</td><td colspan="2">用户满意度</td><td rowspan="2">故障情况</td></tr>
<tr><td>范围</td><td>分值</td><td>范围</td><td>分值</td></tr>
<tr><td>0＜S≤10</td><td></td><td>安全事故、发动机报废</td><td>50＜S≤60</td><td></td><td>每作业 100 h 修复时间 7 h 左右或发生 2 次严重故障、2 次一般故障</td></tr>
<tr><td>10＜S≤20</td><td></td><td>底盘变形或报废</td><td>60＜S≤70</td><td></td><td>每作业 100 h 修复时间 6 h 左右或发生 1 次严重故障、3 次一般故障</td></tr>
<tr><td>20＜S≤30</td><td></td><td>重要总成报废</td><td>70＜S≤80</td><td></td><td>每作业 100 h 修复时间 5 h 左右或发生 1 次严重故障、2 次一般故障</td></tr>
<tr><td>30＜S≤40</td><td></td><td>总成损坏且处理难度大</td><td>80＜S≤90</td><td></td><td>每作业 100 h 修复时间 4 h 左右或发生 4 次一般故障</td></tr>
<tr><td>40＜S≤50</td><td></td><td>重要部件损坏且处理难度大或故障频发</td><td>90＜S≤100</td><td></td><td>每作业 100 h 修复时间 3 h 内或发生 3 次一般故障</td></tr>
<tr><td colspan="2">安全事故情况</td><td colspan="4"></td></tr>
<tr><td colspan="2">用户综合评价与建议</td><td colspan="4"></td></tr>
</table>

注：用户满意度调查分值为单选项目，根据故障情况，在所选项用户满意度范围上划"√"并结合用户意见填写分值。

调查人：　　　　　　　　　　　　　　　　　　校核人：

B.2　可靠性用户调查汇总表

见表 B.2。

表 B.2 可靠性用户调查汇总表

型号名称：　　　　　　　　　　　　　　　　　　　　汇总日期：　　年　　月　　日

项　目	统计结果	项　目	统计结果
调查户数		发生安全事故的台数	
工作时间合计,h		平均工作时间,h	
故障修复时间合计,h		平均故障修复时间,h	
用户满意度分值合计		用户满意度	
主要故障情况			

汇总人：　　　　　　　　　　　　　　　校核人：

ICS 65.060.40
B 91

NY

中华人民共和国农业行业标准

NY/T 2849—2015

风送式喷雾机施药技术规范

Technical specifcations of application for air-assisted sprayers

2015-10-09 发布

2015-12-01 实施

中华人民共和国农业部 发布

前　言

本标准按照 GB/T 1.1—2009 给出的规则起草。

本标准由农业部农业机械化管理司提出。

本标准由全国农业机械标准化技术委员会农业机械化分技术委员会(SAC/TC 201/SC 2)归口。

本标准起草单位:农业部南京农业机械化研究所、北京百瑞弘霖有害生物防治科技有限责任公司、河南万丰农林设备有限公司。

本标准主要起草人:李良波、陈小兵、赵晓萍、王小丽、高立刚、王建军。

风送式喷雾机施药技术规范

1 范围

本标准规定了风送式喷雾机施药的条件、准备、作业和施药后处理的要求。

本标准适用于风送式喷雾机(以下简称喷雾机)在大面积农田、果园和林区的病虫害防治作业。

2 规范性引用文件

下列文件对于本文件的应用是必不可少的。凡是注日期的引用文件,仅注日期的版本适用于本文件。凡是不注日期的引用文件,其最新版本(包括所有的修改单)适用于本文件。

NY/T 1276—2007 农药安全使用规范 总则

NY/T 2454—2013 机动喷雾机禁用技术条件

3 术语和定义

下列术语和定义适用于本文件。

3.1

风送式喷雾机 air-assisted sprayer

靠风机产生的高速气流雾化药液或辅助雾化药液,并输送雾滴的喷雾机器。

3.2

安全使用间隔期 preharvest interval

最后一次施药至作物收获时安全允许间隔的天数。

3.3

施药后禁入期 no entry period after application

施药后禁止人、畜进入施药区的时间。

4 施药条件

4.1 施药时机

4.1.1 根据病虫害的发生程度和药剂特性,确定施药时机。

4.1.2 防治粮食、果树、烟草、茶叶和牧草等农作物病虫害时,严禁在安全使用间隔期内施药。

4.2 气象条件

4.2.1 施药时风速应不大于 3.3 m/s。表 1 列出了不同的风速,作为适宜施药条件的参考。

表 1 风速指南

种类	风力等级	相当风速,m/s	陆地地面征象
无风	0	0～0.2	静,烟直上
软风	1	0.3～1.5	烟能表示风向
轻风	2	1.6～3.3	人面感觉有风,树叶微动
微风	3	3.4～5.4	树叶及微枝摇动不息,旌旗展开
和风	4	5.5～7.9	能吹起地面灰尘和纸张,树的小枝摇动

4.2.2 施药时气温应不超过 35℃。

4.3 喷雾机的要求

严禁使用有下列情形之一的喷雾机：

a) 淘汰、报废的；

b) 自行拼装、改装、拆装的；

c) 安全装置(如外露旋转部件、高温部件及带电部件的防护罩)不全或失效的；

d) 操纵机构失效的；

e) 有 NY/T 2454—2013 中第 4 章规定情况的。

4.4 操作人员

4.4.1 操作人员应经过相关施药技术培训，并熟悉喷雾机、农药和农艺等相关知识。

4.4.2 使用喷雾机前，操作人员应仔细阅读使用说明书或接受喷雾机操作培训，掌握喷雾机相关安全操作要求。

4.4.3 施药时应穿长袖衣裤、鞋袜，戴口罩和手套。施药过程中禁止吸烟、饮水和进食，禁止用手擦嘴、脸和眼睛。

4.4.4 老、弱、病、残、皮肤损伤未愈者，哺乳期妇女和孕妇不应进行施药作业。

4.4.5 严禁操作人员饮酒、服用国家管制的精神药品或者麻醉药品及过度疲劳后作业。

5 施药准备

5.1 施药前应勘察施药区域地形、周围环境，确认其符合喷雾机行走和施药安全。

5.2 操作人员应告知施药区域附近的居民，并采取相应措施以避免施药时因飘移造成的非预期结果。

5.3 作业前，应对喷雾机进行检查和调整，并在药箱中装入适量的清水，在额定工作状态下喷雾 3 min～5 min。喷头雾化应良好，搅拌器、控制系统等工作正常，各连接部位无漏液、漏油等现象。

5.4 农药的配制应符合 NY/T 1276—2007 中第 6 章的规定。现场配制农药时应不少于两人。配制农药应远离住宅区、牲畜栏和水源等场所。

6 施药作业

6.1 作业时，严禁操作人员拆下风机防护罩。电气设备(如果有)应有防潮措施。

6.2 禁止在高压线下施药。

6.3 按式(1)确定喷雾机行走速度。

$$v = 600 \times \frac{Qp}{qB} \quad\cdots\cdots\cdots\cdots\cdots\cdots\cdots\cdots\cdots\cdots\cdots\cdots\cdots\cdots\cdots (1)$$

式中：

v——喷雾机行走速度，单位为千米每小时(km/h)；

Q——喷雾机的喷雾量，单位为升每分钟(L/min)；

p——药液配比浓度，单位为毫升每升(mL/L)；

q——农艺上要求的用药剂量，单位为毫升每公顷(mL/hm²)；

B——有效射程(喷幅)，单位为米(m)。

6.4 喷雾机施药时，应先启动风机，待风机运转正常后起动液泵，再打开药液开关进行喷雾。

6.5 施药时，喷雾机应按图 1 规定的路线行走(由下风口向上风口移动)，喷雾方向与风向的夹角应不超过 15°。

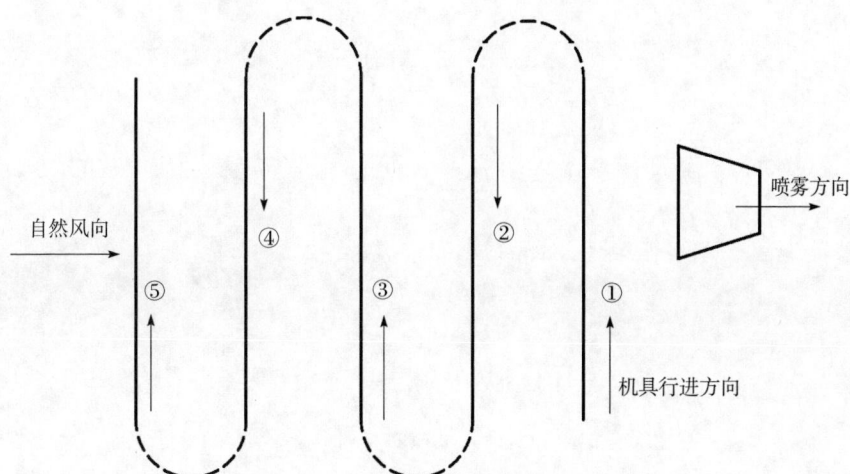

图 1 施药行走路线

6.6 作业时,应观察压力表。压力不符合要求时,应通过调压装置进行调整。

6.7 施药时,喷雾机出现异常情况应立即停机。

6.8 施药结束时,应先停液泵,再停风机,最后切断动力源。

7 施药后处理

7.1 施药标记

施药工作结束后,操作人员应在施药区域周边竖立"已喷农药,禁止进入!"或其他安全警示标记。施药后禁入期过后,应及时撤除安全警示标记。

7.2 农药的处理

7.2.1 喷雾机中未喷完的药液应回收,并妥善存放在专用容器中。

7.2.2 未用完的农药应确保安全存放。包装破损的农药应全部转入干净的、已完整粘贴农药标签的替代容器内存放。

7.2.3 农药的保存和处理应当遵守农药生产厂所提供的安全说明。

7.2.4 农药包装物的处理应符合 NY/T 1276—2007 中 9.3 的规定,不应随意丢弃。

7.3 喷雾机的清洗、存放

7.3.1 施药后,现场用清水清洗药箱、过滤器、喷头、液泵和管路等部件。清洗的废液应喷洒到防治作物上,但应保证这种重复喷洒不会超过推荐的施药剂量。

7.3.2 喷雾机应避免露天存放或与农药、酸、碱等腐蚀性物质存放在一起。

7.3.3 防治季节结束后,需长期存放喷雾机时,应排空泵及管道内积水。

7.4 操作人员的要求

7.4.1 施药后,操作人员应清洗手、脸等裸露部分的皮肤,并用清水漱口。

7.4.2 操作人员应及时换下防护用品并清洗干净,晾干后存放。

ICS 65.060.99
B 93

NY

中华人民共和国农业行业标准

NY/T 2850—2015

割草压扁机　质量评价技术规范

Technical specifications of quality evaluation for mower-crushers

2015-10-09 发布

2015-12-01 实施

中华人民共和国农业部 发布

前　言

本标准按照 GB/T 1.1—2009 给出的规则起草。

本标准由农业部农业机械化管理司提出。

本标准由全国农业机械标准化技术委员会农业机械化分技术委员会(SAC/TC 201/SC 2)归口。

本标准起草单位:农业部农业机械试验鉴定总站、中国农业机械化科学研究院呼和浩特分院、内蒙古自治区农牧业机械试验鉴定站。

本标准主要起草人:杜金、陈立丹、钱旺、王强、吴雅梅、张晓亮、高晨鸣。

割草压扁机　质量评价技术规范

1　范围

本标准规定了割草压扁机的基本要求、质量要求、检测方法和检验规则。

本标准适用于与拖拉机配套的往复式割草压扁机和旋转式割草压扁机的质量评定。

2　规范性引用文件

下列文件对于本文件的应用是必不可少的。凡是注日期的引用文件，仅注日期的版本适用于本文件。凡是不注日期的引用文件，其最新版本（包括所有的修改单）适用于本文件。

GB/T 2828.11—2008　计数抽样检验程序　第11部分：小总体声称质量水平的评定程序

GB/T 5667　农业机械　生产试验方法

GB/T 9480　农林拖拉机和机械、草坪和园艺动力机械　使用说明书编写规则

GB/T 10938　旋转割草机

GB/T 10940　往复式割草机

GB/T 13306　标牌

JB/T 5673—1991　农林拖拉机及机具涂漆　通用技术条件

JB 8520—1997　旋转式割草机　安全要求

JB/T 8836—2004　往复式割草机　安全技术要求

JB/T 9700—2013　牧草收获机械　试验方法通则

JB/T 9832.2—1999　农林拖拉机及机具　漆膜　附着性能测定方法　压切法

3　术语和定义

GB/T 10938 和 GB/T 10940 界定的术语和定义适用于本文件。

4　基本要求

4.1　质量评价所需的文件资料

对割草压扁机进行质量评价所需提供的文件资料应包括：

a)　产品规格确认表（见附录 A）；

b)　企业产品执行标准或产品制造验收技术条件；

c)　产品使用说明书；

d)　三包凭证；

e)　样机照片（正前方、正后方、前方 45°各 1 张）。

4.2　主要技术参数核对与测量

依据产品使用说明书、铭牌和其他技术文件，对样机的主要技术参数按表 1 进行核对或测量。

表 1　核测项目与方法

序号	项　　目	单位	方法
1	规格型号	/	核对
2	结构型式	/	核对
3	外形尺寸（长×宽×高）	mm	测量
4	整机质量	kg	测量

表 1（续）

序号	项　目	单位	方法
5	整机配套动力范围	kW	核对
6	切割装置型式	/	核对
7	割刀数量(刀盘数×刀数)	个	核对
8	刀盘直径	mm	测量
9	压扁辊直径	mm	测量
10	割幅	mm	测量

4.3 试验条件

4.3.1 试验用割草压扁机应调整至正常工作状态,并在该状态下完成测定,试验过程中不允许更换零部件。配套动力应与使用说明书要求一致,技术状态应良好。

4.3.2 试验作物为紫花苜蓿。气象条件、地表条件、土壤条件、植物状况的确定以及试验要求和试验地的选择按照 JB/T 9700—2013 中第 4 章的规定。

4.3.3 在选定的试验田内,用 1 m×1 m 取样框分别取 5 个样点,按要求的割茬高度将 5 个取样点上的牧草全部割下后混合并称其质量,换算成单位面积平均应收获牧草的质量。

4.3.4 试验区由稳定区、测定区和停车区组成。测定区长度不小于 20 m,测定区前应有 20 m 的稳定区,测定区后有指定的停车区,均用标杆示出。

4.4 主要仪器设备

试验用仪器设备应通过校准或检定合格,并在有效期内。仪器设备的量程、测量准确度及被测参数准确度要求应满足表 2 的规定。

表 2　主要试验用仪器设备测量范围和准确度要求

序号	被测参数名称	测量范围	准确度要求
1	时间	0 h~24 h	0.5 s/d
2	质量	0 g~500 g	0.2 g
		0 kg~2 kg	0.001 kg
		0 kg~30 kg	0.05 kg
3	长度	0 cm~30 cm	0.1 mm
		0 m~5 m	Ⅰ级
		0 m~50 m	Ⅰ级
4	温度	0℃~100℃	1%
5	转速	0 r/min~2 500 r/min	1 r/min
6	扭矩	0 N·m~3 000 N·m	1%
7	力	0 N~30 kN	1%

5 质量要求

5.1 性能要求

在地面比较平坦、牧草不倒伏的条件下,割草压扁机性能应符合表 3 的规定。

表 3　主要性能指标要求

序号	项　目	质量指标	对应的检测方法条款号
1	割茬高度	≤70 mm	6.1.1.3
2	重割率	≤1.5%	6.1.1.4
3	超茬损失率	≤0.5%	6.1.1.5
4	重割、拨禾、压扁、铺条损失率	≤4%	6.1.1.6

表3（续）

序号	项　　目	质量指标	对应的检测方法条款号
5	漏割损失率	≤0.25%	6.1.1.7
6	压扁率	≥90%	6.1.1.8
7	每米割幅空载功率消耗	≤3.5 kW/m	6.1.2
8	每米割幅总功率消耗	≤10 kW/m	6.1.2
9	纯工作小时生产率	不小于企业明示值上限的80%	6.1.3
10	变速箱和带轮轴承座温升	割草压扁机空运转30 min后,各处轴承座温升应不大于25℃	6.1.4
11	密封性	各密封部位和液压系统不应有渗漏现象	6.1.5

5.2　安全要求

旋转式割草压扁机运转部件的防护、危险部位的警示标志应分别符合 JB 8520—1997 中 3.2、3.3、3.5、3.6、3.7、3.8、3.10 和 3.12 的规定;往复式割草压扁机运转部件的防护、危险部位的警示标志应分别符合 JB/T 8836—2004 中 3.1 和 3.2.8 的规定。

5.3　外观与装配质量

5.3.1　涂漆表面应符合 JB/T 5673—1991 表 2 中 TQ-2-1 的规定,漆膜附着力要求 3 处均不应低于Ⅱ级。

5.3.2　机器表面不应有明显凸起、凹陷;不应有磕碰、锈蚀等缺陷。

5.3.3　涂漆应平整、光滑。漆膜不允许有流挂、起泡、起皱、划痕。

5.3.4　焊接件的焊缝应平整光滑,不应有烧焊、漏焊、焊渣、飞溅等影响外观的缺陷。

5.3.5　割草压扁机在按使用说明书规定的转速下空运转 30min 后,应符合下列要求:
　　a)　各部件运转正常、平稳,不应有碰撞和异常声音;
　　b)　齿轮、链轮和皮带轮传动平稳可靠,连接件、紧固件不应有松动现象。

5.4　铭牌

5.4.1　铭牌应牢靠地固定在机器的明显位置,其规格、材质应符合 GB/T 13306 的规定。

5.4.2　铭牌至少应明示产品型号名称、生产企业名称及地址、配套动力、工作速度、生产日期、产品编号和产品标准执行代号等。字迹应清晰耐久,不易擦除。

5.5　操作方便性

5.5.1　各操纵机构应灵活、有效,各张紧、调节机构应可靠,调整方便。

5.5.2　保养点设置应合理,便于保养。

5.5.3　刀片、刀盘、链条等易损件更换应方便。

5.6　可靠性

割草压扁机首次故障前作业量应不小于 70 hm² 每米割幅。

5.7　使用说明书

使用说明书的编制应符合 GB/T 9480 的规定,内容应至少包括:
　　a)　安全警示标识的样式,明示粘贴位置;
　　b)　主要用途和适用范围;
　　c)　主要技术参数;
　　d)　正确的安装与调试方法;
　　e)　操作说明;
　　f)　安全注意事项;

g) 维护与保养要求；

h) 常见故障及排除方法；

i) 产品三包内容，也可单独成册；

j) 易损件清单；

k) 产品执行标准代号。

5.8 三包凭证

5.8.1 割草压扁机应有三包凭证，其内容至少应包括：

a) 产品名称、规格、型号和出厂编号；

b) 生产企业名称、地址、邮政编码和售后服务联系电话；

c) 修理者名称、地址和邮政编码和电话；

d) 整机三包有效期；

e) 主要零部件三包有效期；

f) 主要零部件清单；

g) 销售记录表和修理记录表；

h) 不实行三包的情况说明。

5.8.2 整机三包有效期应不少于1年。

5.8.3 主要零部件质量保证期应不少于1年。

5.9 关键零部件

关键零部件项次合格率不小于90%。

6 检测方法

6.1 性能试验

6.1.1 作业性能的测定

6.1.1.1 一般要求

测定项目均应在测定区进行，测定次数往返各不少于两次。测定时不得改变机组的工作状况，结果取平均值。

6.1.1.2 割幅的测定

每一行程等间隔测两点。

6.1.1.3 割茬高度的测定

沿割幅方向在全割幅内测量。将钢直尺放在地面上，等间隔测20根以上，每一行程等间隔测两处。

6.1.1.4 重割率的测定

测定区内单位面积平均收获牧草中，无头草节质量与单位面积应收获牧草质量之比为重割率。每点沿机组前进方向取0.5 m长（割幅小于2.5 m时取1 m长），每一行程等间隔测两处，按式（1）计算。

$$S_c = \frac{g_w}{g_y} \times 100 \quad \cdots\cdots\cdots\cdots\cdots\cdots\cdots\cdots\cdots\cdots\cdots\cdots\cdots (1)$$

式中：

S_c——重割率，单位为百分率（%）；

g_w——单位面积实际收获牧草中无头草节质量，单位为克每平方米（g/m²）；

g_y——单位面积应收获牧草质量，单位为克每平方米（g/m²）。

6.1.1.5 超茬损失率的测定

测定区内单位面积平均实际割茬高于技术要求的割茬而造成的损失质量与单位面积应收获牧草质量之比，其百分数为超茬损失率。每点沿机组前进方向取0.5 m长（割幅小于2.5 m时取1 m长），每一行程等间隔测两处,按式(2)计算。

$$S_z = \frac{g_y - g_s}{g_y} \times 100 \quad \cdots\cdots\cdots\cdots\cdots\cdots\cdots\cdots\cdots (2)$$

式中:

S_z——超茬损失率,单位为百分率(%);

g_s——单位面积实际收获牧草质量,单位为克每平方米(g/m²)。

6.1.1.6 重割、拨禾、压扁、铺条损失率的测定

单位面积内由重割、拨禾、压扁、铺条工作过程形成的碎草质量与单位面积应收获牧草质量之比,其百分数为重割、拨禾、压扁、铺条损失率。每一行程等间隔测两处,每处沿机组前进方向取 0.5 m 长(割幅小于 2.5 m 时取 1 m 长),将此处牧草轻轻取走,拣起地面上小于 7 cm 长的牧草称其质重,并换算成单位面积的损失量,按式(3)计算。

$$S_{cy} = \frac{g_{cy}}{g_y} \times 100 \quad \cdots\cdots\cdots\cdots\cdots\cdots\cdots\cdots\cdots (3)$$

式中:

S_{cy}——重割、拨禾、压扁、铺条损失率,单位为百分率(%);

g_{cy}——单位面积由重割、拨禾、压扁、铺条形成的碎草量,单位为克每平方米(g/m²)。

6.1.1.7 漏割损失率的测定

收割后,单位面积内未被切割牧草高于割茬部分的质量与单位面积应收获牧草质量之比,其百分数为漏割损失率。沿机组前进方向测 0.5 m 长(割幅小于 2.5 m 的测 1 m 长),全割幅范围内测定未割牧草去掉割茬后的质量,每一行程等间隔测两处,并换算成单位面积漏割损失量,按式(4)计算。

$$S_L = \frac{g_L}{g_y} \times 100 \quad \cdots\cdots\cdots\cdots\cdots\cdots\cdots\cdots\cdots (4)$$

式中:

S_L——漏割损失率,单位为百分率(%);

g_L——单位面积漏割损失量,单位为克每平方米(g/m²)。

6.1.1.8 压扁率的测定

测定区内单位面积收获牧草中,单位面积被压扁牧草的质量与单位面积收获牧草质量之比为压扁率。牧草长度50%以上被压破为压扁。每点沿机组前进方向取 0.5 m 长(割幅小于 2.5 m 时取 1 m 长),每一行程等间隔测两处,按式(5)计算。

$$Y_b = \frac{g_b}{g_s} \times 100 \quad \cdots\cdots\cdots\cdots\cdots\cdots\cdots\cdots\cdots (5)$$

式中:

Y_b——压扁率,单位为百分率(%);

g_b——单位面积实际收获牧草中被压扁牧草质量,单位为克每平方米(g/m²);

g_s——单位面积实际收获牧草质量,单位为克每平方米(g/m²)。

6.1.2 动力指标的测定

6.1.2.1 一般要求

空载、负载测定不少于往返两次,结果取平均值。

6.1.2.2 割草压扁机工作速度测定

工作速度按式(6)计算。

$$v = \frac{L}{t} \quad \cdots\cdots\cdots\cdots\cdots\cdots\cdots\cdots\cdots (6)$$

式中:

v——割草压扁机工作速度，单位为米每秒(m/s)；

L——测定区长，单位为米(m)；

t——通过测定区时间，单位为秒(s)。

6.1.2.3 空载功率消耗的测定

由传动轴输入动力的割草压扁机，在拖拉机动力输出轴与割草压扁机总传动轴之间连接好扭矩传感器，额定转速下测定割草压扁机的空载功率消耗，按式(7)计算。

$$N_k = \frac{M_k n}{9550} \quad\cdots\cdots\cdots\cdots\cdots\cdots\cdots\cdots\cdots\cdots\cdots\cdots (7)$$

式中：

N_k——空载功率，单位为千瓦(kW)；

M_k——工作部件总传动轴空载扭矩，单位为牛·米(N·m)；

n——工作部件总传动轴转速，单位为转每分钟(r/min)。

6.1.2.4 牵引式割草压扁机功率消耗的测定

在拖拉机与割草压扁机之间连接拉力计，拖拉机使割草压扁机保持工作速度行走，读取牵引力值，牵引功率消耗按式(8)计算。

$$N_q = \frac{P_q v}{1000} \quad\cdots\cdots\cdots\cdots\cdots\cdots\cdots\cdots\cdots\cdots\cdots\cdots (8)$$

式中：

N_q——牵引功率消耗，单位为千瓦(kW)；

P_q——机具牵引力，单位为牛顿(N)。

在拖拉机动力输出轴与割草压扁机总传动轴之间连接好扭矩传感器，额定转速下测定割草压扁机的传动功率消耗，传动功率消耗按式(9)计算。

$$N_c = \frac{M_c n}{9550} \quad\cdots\cdots\cdots\cdots\cdots\cdots\cdots\cdots\cdots\cdots\cdots\cdots (9)$$

式中：

N_c——传动功率消耗，单位为千瓦(kW)；

M_c——工作部件总传动轴扭矩，单位为牛·米(N·m)。

牵引式割草压扁机功率消耗按式(10)计算。

$$N = N_q + N_c \quad\cdots\cdots\cdots\cdots\cdots\cdots\cdots\cdots\cdots\cdots\cdots\cdots (10)$$

式中：

N——割草压扁机功率消耗，单位为千瓦(kW)。

6.1.2.5 悬挂式割草压扁机功率消耗的测定

用拉力计将拖拉机与已安装了悬挂式割草压扁机的拖拉机(下称机组)相连，将机组中的拖拉机挂空挡、熄火，割草压扁机置于工作位置，使牵引机组的拖拉机保持割草压扁机的工作速度行走，读取此时的牵引力 P_x；卸掉机组中的割草压扁机，其他条件不变，读取此时的牵引力 P_t。

行走部分牵引功率消耗按式(11)计算。

$$N_q = \frac{(P_x - P_t)v}{1000} \quad\cdots\cdots\cdots\cdots\cdots\cdots\cdots\cdots\cdots\cdots\cdots (11)$$

式中：

P_x——机组行走的牵引力，单位为牛·米(N·m)；

P_t——拖拉机行走部分的牵引力，单位为牛·米(N·m)。

传动功率消耗测试按 6.1.2.4 的方法进行，计算按式(9)进行。

悬挂式割草压扁机功率消耗按式(10)计算。

6.1.3 纯工作小时生产率的测定

在生产试验的同时,记录各类时间消耗(作业时间、延续时间、调整保养时间、样机故障排除时间和拖拉机故障排除时间)、作业量,对故障应在备注栏进行适当描述,记录纯工作时间不少于 3 h,整理汇总,按式(12)计算纯工作小时生产率。

$$E_c = \frac{Q_{cb}}{B \times T_c}$$ ···(12)

式中:

E_c——纯工作小时生产率,单位为公顷每小时每米[hm²/(h·m)];

Q_{cb}——作业量,单位为公顷(hm²);

T_c——纯工作时间,单位为小时(h);

B ——幅宽,单位为米(m)。

6.1.4 轴承温升测定

在割草压扁机按使用说明书规定的转速下空运转前和运转 30 min 后,分别测量变速箱和带轮轴承座温度,测 3 点,分别计算轴承温升,取最大值。

6.1.5 密封性检查

割草压扁机各密封部位和液压系统不应有渗漏现象。

6.2 安全检查

按 5.2 的规定逐项检查,其中任一项不合格,判安全要求不合格。

6.3 外观与装配质量检查

按 5.3 的规定进行逐项检查,漆膜附着力按照 JB/T 9832.2—1999 的规定检查。其中任一项不合格,判外观与装配质量不合格。

6.4 铭牌检查

按 5.4 的规定进行逐项检查,其中任一项不合格,判铭牌不合格。

6.5 操作方便性检查

按 5.5 的规定进行逐项检查,其中任一项不合格,判操作方便性不合格。

6.6 可靠性评价

生产试验按照 GB/T 5667 的规定进行,作业量应不小于 70 hm² 每米割幅。如果发生重大质量故障,生产试验不再继续进行,可靠性评价结果为不合格。重大质量故障是指导致机具功能完全丧失、危及作业安全、造成人身伤亡或重大经济损失的故障,以及主要零部件或重要总成损坏、报废,导致功能严重下降,难以正常作业的故障。首次故障前作业量按式(13)计算。

$$H = \frac{S_w}{h}$$ ···(13)

式中:

H ——首次故障前作业量,单位为公顷每米(hm²/m);

S_w ——生产试验期间割草压扁机发生首次故障前作业面积,单位为公顷(hm²);

h ——割草压扁机的工作幅宽,单位为米(m)。

6.7 使用说明书审查

按 5.7 的规定逐项检查,其中任一项不合格,判使用说明书不合格。

6.8 三包凭证审查

按 5.8 的规定逐项检查,其中任一项不合格,判三包凭证不合格。

6.9 关键零部件检查

旋转式割草压扁机主要零部件包括:刀片夹持器弹簧片、刀盘轴、刀盘轴承座、刀片和压扁辊;往复式割草压扁机主要零部件包括:护刃器、动刀片、定刀片、刀杆、压刃器、摩擦片、护刃器梁和压扁辊。每种零部件抽取 3 件,依据图纸检测 30 项次。

7 检验规则

7.1 不合格项目分类

检验项目按其对产品质量影响的程度分为 A、B 两类,不合格项目分类见表 4。

表 4 检验项目及不合格分类

项目分类	序号	项目名称	对应条款
A	1	压扁率	5.1
	2	割茬高度	5.1
	3	安全要求	5.2
	4	可靠性[a]	5.6
B	1	重割率	5.1
	2	超茬损失率	5.1
	3	重割、拨禾、压扁、铺条损失率	5.1
	4	漏割损失率	5.1
	5	每米割幅空载功率消耗	5.1
	6	每米割幅总功率消耗	5.1
	7	纯工作小时生产率	5.1
	8	轴承温升	5.1
	9	密封性	5.1
	10	外观与装配质量	5.3
	11	铭牌	5.4
	12	操作方便性	5.5
	13	使用说明书	5.7
	14	三包凭证	5.8
	15	关键零部件	5.9
[a] 在监督性检查中,可不进行可靠性评价。			

7.2 抽样方案

抽样方案按照 GB/T 2828.11—2008 规定中的表 B.1 制订,见表 5。

表 5 抽样方案

检验水平	O
声称质量水平(DQL)	1
核查总体(N)	10
样本量(n)	1
不合格品限定数(L)	0

7.3 抽样方法

根据抽样方案确定,抽样基数为 10 台,被检样品为 1 台,样品在生产企业生产的合格产品中随机抽取(其中,在用户中和销售部门抽样时不受抽样基数限制)。样品应是一年内生产的产品。

7.4 判定规则

7.4.1 样品合格判定

对样品的 A、B 各类检验项目进行逐一检验和判定,当 A 类不合格项目数为 0,B 类不合格项目数不超过 1 时,判定样品为合格品;否则判定样品为不合格品。

7.4.2 综合判定

若样品为合格品(即样品的不合格品数不大于不合格品限定数),则判通过;若样品为不合格品(即样品的不合格品数大于不合格品限定数),则判不通过。

NY/T 2850—2015

附　录　A

（规范性附录）

产品规格确认表

产品规格确认见表 A.1。

表 A.1　产品规格确认表

序号	项　目	单　位	规　格
1	规格型号	/	
2	结构型式	/	
3	外形尺寸	mm	
4	整机质量	kg	
5	整机配套动力范围	kW	
6	切割装置型式	/	
7	割刀数量（刀盘×刀数）	/	
8	刀盘直径	mm	
9	压扁辊直径	mm	
10	割幅	m	

签字：　　　　　　　（加盖公章）

年　　月　　日

ICS 65.020.20
B 05

NY

中华人民共和国农业行业标准

NY/T 2851—2015

玉米机械化深松施肥播种作业技术规范

Technical specification of mechanized sowing with subsoiling and fertilizating
operation for corn

2015-10-09 发布

2015-12-01 实施

中华人民共和国农业部 发布

前　言

本标准按照 GB/T 1.1—2009 给出的规则起草。

本标准由农业部农业机械化管理司提出。

本标准由全国农业机械标准化技术委员会农业机械化分技术委员会(SAC/TC 201/SC 2)归口。

本标准起草单位:河北省农机修造服务总站、保定市农机工作站、河北农哈哈集团有限公司、河北农业大学资源与环境科学学院、河北省农业机械鉴定站、石家庄市鹿泉区农业机械化技术推广站。

本标准主要起草人:江光华、宋林平、刘志刚、冯佐龙、刘从斌、彭正萍、杜亚尊、李少华、李建永。

玉米机械化深松施肥播种作业技术规范

1 范围

本标准规定了玉米机械化深松施肥播种作业的术语和定义、作业条件、作业准备、农艺技术、机具调整、挂接与试播以及作业。

本标准适用于平作地区玉米深松施肥播种机械化作业。

2 规范性引用文件

下列文件对于本文件的应用是必不可少的。凡是注日期的引用文件，仅注日期的版本适用于本文件。凡是不注日期的引用文件，其最新版本（包括所有的修改单）适用于本文件。

GB 4404.1 粮食作物种子 第1部分:禾谷类

GB/T 23348 缓释肥料

HG/T 3931 缓控释肥料

HG/T 4215 控释肥料

3 术语和定义

下列术语和定义适用于本文件。

3.1

深厚层施肥 subsoil and deep-layer fertilization

利用深松施肥铲等装置，将肥料施在地表10 cm以下至深松深度不小于25 cm的深松沟底，且肥层厚度不小于12 cm的一种施肥方法。

3.2

顶层肥 top-layer fertilizer

深厚层施肥作业后，土壤垂直剖面内最上面的一粒肥料。

3.3

顶层肥深度 depth of top-layer fertilizer

深厚层施肥作业后，顶层肥与土壤表面的垂直距离。

3.4

底层肥 bottom-layer fertilizer

深厚层施肥作业后，土壤垂直剖面内最下面的一粒肥料。

3.5

底层肥深度 depth of bottom-layer fertilizer

深厚层施肥作业后，底层肥与土壤表面的垂直距离。

3.6

肥层厚度 thickness of fertilizer layer

深厚层施肥作业后，顶层肥与底层肥之间的垂直距离。

4 作业条件

4.1 作业地块应地势平坦、无障碍，深松作业范围内不能有砾石、树根、建筑垃圾等杂物。

4.2 土壤质地、土壤绝对含水率、土壤坚实度等应适宜深松施肥播种作业。土壤质地宜为壤土(包括轻壤土、中壤土、重壤土等)、土壤绝对含水率宜在 12%～25% 范围内、土壤坚实度宜不大于 1.2 MPa。

4.3 前茬作物秸秆还田后，留茬高度宜不大于 10 cm，秸秆切碎长度宜不大于 10 cm，秸秆切碎后宜均匀抛撒地表。

5 作业准备

5.1 深松施肥播种机

根据农艺要求，按照表1选择适宜结构类型的深松施肥播种机。

表 1　深松施肥播种机的分类方式及主要结构类型

分类方式	主要结构类型		
施肥方式	深厚层施肥	深层施肥	普通施肥
仿形方式	整体仿形	单体仿形	
深松铲运动方式	振动式	非振动式	
排种方式	勺轮式	气吸式	其他

5.2 配套拖拉机

配套拖拉机按使用说明书要求选择。宜采用四轮驱动型拖拉机，其动力应留有适当的功率储备；如果采用两轮驱动型拖拉机，应视情况增加配重。

5.3 种子

种子质量应符合 GB 4404.1 的要求。单粒精量播种时，种子发芽率应不小于 95%。

5.4 肥料

肥料选用玉米专用复合肥。深厚层施肥时，肥料应符合 GB/T 23348、HG/T 3931 和 HG/T 4215 的规定，养分释放应能满足玉米生长期特别是大喇叭口期的需要。

6 农艺技术

6.1 深松深度

深松深度应符合当地农艺要求且不小于 25 cm。

6.2 深松行距

深松行距应符合当地农艺要求且不大于 70 cm。

6.3 播种行距

播种行距应符合当地农艺要求，宜为 60 cm。深厚层施肥时，种子应播在深松铲松动过的土壤中，播种行与深松行之间的距离应不大于 10 cm。

6.4 播种密度

播种密度应按种子说明书和当地农艺要求确定。深厚层施肥时可取上限值。

6.5 播种深度

播种深度宜为 3 cm～5 cm。土壤质地为重壤或含水率较高时播种深度宜浅，土壤质地为轻壤或含水率较低时播种深度宜深。

6.6 施肥深度、肥层厚度及种肥距离

6.6.1 深层施肥时，施肥深度应不小于 10 cm，种子与肥料的空间距离应不小于 5 cm。

6.6.2 深厚层施肥时，顶层肥深度应不小于 10 cm，种子与肥料的空间距离应不小于 5 cm；底层肥应施于深松沟底，其余肥料应施于顶层肥至底层肥之间；肥层厚度应不小于 12 cm。

6.6.3 普通施肥时,施肥深度宜为种侧下 3 cm～5 cm,种子与肥料的空间距离应不小于 5 cm。

6.7 施肥量

根据土壤肥力、产量水平、肥料品种等因素确定施肥量,宜采用测土配方施肥。深厚层施肥时,应将玉米生长期所需肥料一次性施入;总养分含量≥40％的缓控释肥料宜为 600 kg/hm²～900 kg/hm²。

6.8 土壤墒情

深松施肥播种作业时,墒情不足应及时补水。

7 机具调整、挂接与试播

7.1 台架检查与调整

7.1.1 调整前准备

在平坦的地面上将深松施肥播种机水平架起、支撑牢固,使地轮离开地面,便于检查调整。

7.1.2 深松行距

检测深松铲或深松施肥铲的行距是否符合 6.2 的规定。如不符合,松开深松铲或深松施肥铲与横梁的联接螺栓,移动深松铲或深松施肥铲至合格位置,然后拧紧联接螺栓。

7.1.3 深松深度

检测深松深度(深松铲或深松施肥铲铲尖至地轮底边的垂直距离)是否符合 6.1 的规定。如不符合,松开深松铲或深松施肥铲固定座上的顶丝,上下移动深松铲或深松施肥铲至合格位置,然后将顶丝拧紧。

7.1.4 播种行距

检测播种行距是否符合 6.3 的规定。如不符合,松开播种单体联接螺栓,将其移动至合格位置,然后拧紧联接螺栓。深厚层施肥机型应检查深松施肥铲与排种开沟器左右错开距离是否符合 6.3 的规定,如不符合,调整深松施肥铲或排种开沟器,使其合格。

7.1.5 播种深度

整体仿形机型,检查播种深度(开沟器至地轮底边的垂直距离)是否符合 6.5 的规定。如不符合,松开开沟器固定座上的顶丝,上下移动开沟器至合格位置,然后将顶丝拧紧。

7.1.6 施肥量

检测施肥量时,按作业方向和作业速度连续平稳地转动地轮 20 圈,分别接取每个施肥铲下面的肥料,将其称重,重复 3 次,按式(1)计算理论施肥量。

$$W_L = \frac{W_J \times (1-\delta)}{2\pi DL} \quad\cdots\cdots\cdots\cdots\cdots\cdots\cdots\cdots\cdots\cdots\cdots (1)$$

式中:

W_L ——理论施肥量,单位为千克/公顷(kg/hm²);

W_J ——接取排肥量,单位为克(g);

D ——地轮直径,单位为米(m);

L ——作物行距,单位为米(m);

δ ——地轮滑移率(一般为 5％～15％,沙性土壤、含水率较大、秸秆覆盖量大等情况应取较大值;黏性土壤、含水率较小、秸秆覆盖量小时取较小值),单位为百分率(％);

π ——圆周率,取值 3.14。

若理论施肥量不符合 6.7 的规定,则通过调整施肥装置改变施肥量,再次进行检测。

7.1.7 粒距调整

根据作物品种、产量水平和 6.4 的规定,确定理论粒距,按式(2)计算挡位调整粒距。

$$S_D = S_L \times (1-\delta) \times \beta \cdots\cdots\cdots\cdots\cdots\cdots\cdots\cdots\cdots (2)$$

式中：

S_D——挡位调整粒距，单位为毫米(mm)；

S_L——理论粒距，单位为毫米(mm)；

δ——地轮滑移率(一般为5%～15%，沙性土壤、含水率较大、秸秆覆盖量大等情况应取较大值；黏性土壤、含水率较小、秸秆覆盖量小时取较小值)，单位为百分率(%)；

β——种子发芽率(根据每批种子发芽试验测得)，单位为百分率(%)。

根据挡位调整粒距，选择最接近的播量调整变速箱挡位，扳动挡位手柄调整到该挡位。

7.1.8 播种粒数调整

深厚层施肥机型应进行单粒播种粒数调整。勺轮式机型通过调节勺轮投种角来实现；气吸式机型通过调节刮种器来实现；其他类型机具按使用说明书规定进行相应调整。

7.1.9 施肥深度、顶层施肥深度与肥层厚度调整

7.1.9.1 深厚层施肥时，深松施肥铲式的顶层施肥深度和肥层厚度调整应与深松深度调整同步进行；多施肥器式的顶层施肥深度和施肥厚度调整应松开顶层施肥器联接螺栓，上下移动顶层施肥器至合格位置，然后拧紧联接螺栓。

7.1.9.2 普通施肥时，施肥深度调整应松开施肥铲固定座上的顶丝，上下移动施肥铲至合格位置，然后将顶丝拧紧。

7.2 挂接与调整

7.2.1 机组挂接

将深松施肥播种机挂接点与拖拉机上下拉杆正确联接。采用拖拉机动力输出轴驱动的深松施肥播种机，应将拖拉机动力输出轴与深松播种机动力输入轴进行正确联接。

7.2.2 水平调整

在机组后面观察深松施肥播种机种箱是否水平；在机具上面观察深松施肥播种机的前梁与拖拉机后轮轴是否平行；在待播地中不加种肥进行试作业，作业长度不小于20 m，试作业时从侧面观察深松施肥播种机机架前后是否水平。以上观察如有不符合，则调节拖拉机后悬挂上拉杆或左右两个下拉杆，直至全部符合要求，然后将各个调整部位锁紧固定。

7.3 试播

7.3.1 将种子、肥料加入深松施肥播种机中，在待播地中作业不小于30 m，进行试播。

7.3.2 在每个深松行上，分别检测3个深松深度和深松行距，判断是否分别符合6.1和6.2的规定，如不符合，则按7.1.3和7.1.2的规定进行调整。

7.3.3 在每个播种行上，分别检测3个播种深度、播种行距和粒距，判断是否分别符合6.5、6.3和6.4的规定。如不符合，则进行如下调整：

    a) 单体仿形机型通过转动丝杠进行播种深度调整，顺时针转动播种深度减小，逆时针转动播种深度增大，调整合格后锁紧顶丝；播种行距调整按7.1.4的规定进行调整；粒距调整按7.1.7的规定进行调整；

    b) 整体仿形机型播种深度、播种行距和粒距调整按7.1.5、7.1.4和7.1.7的规定进行调整。

7.3.4 在种子旁边沿施肥行方向切开土壤，露出肥料，检测3个施肥深度、3个种子与化肥空间距离，判断是否符合6.6的规定，如不符合，则进行如下调整：

    a) 深层施肥时，调整施肥管管口到深松施肥铲尖的距离至合格位置；

    b) 深厚层施肥时，按7.1.9.1的规定进行调整；

    c) 普通施肥时，按7.1.9.2的规定进行调整。

7.3.5 机具全部调整后，应再次进行试播，直至确认机具达到正常作业状态，然后将各个调整部位全部拧紧锁死。

8 作业

8.1 使用拖拉机动力输出轴驱动的深松施肥播种机,应先接通拖拉机动力输出再起步作业。

8.2 起步作业时,应边前进边缓慢降下深松施肥播种机,防止排肥口、排种口堵塞。

8.3 作业行进中,应按使用说明书要求的作业速度匀速行驶。

8.4 作业时,应保证邻接行行距准确、一致,符合要求。

8.5 作业状态下,不准倒车和转弯。

8.6 机组掉头时,应注意停车清理工作部件上的秸秆、杂草、泥土等杂物,敲击深松施肥铲等施肥装置,确认没有堵塞。

8.7 作业中应注意观察,如发现作业异常,应立即停车进行检查,并对作业不合格的地方重新作业。

8.8 进入新地块作业时,应按 6.1~6.7 的规定进行检查,确认作业正常。

8.9 作业中应保证机组工作状态良好。

ICS 65.060.01
B 90

NY

中华人民共和国农业行业标准

NY/T 2852—2015

农业机械化水平评价 第5部分：果、茶、桑

The evaluation for the level of agricultural mechanization—
Part 5：Fruit，tea and mulberry

2015-10-09 发布

2015-12-01 实施

中华人民共和国农业部 发布

前　言

NY/T 1408《农业机械化水平评价》包括以下部分：

——第1部分:种植业;

——第2部分:畜禽养殖业;

——第3部分:水产养殖业;

......

本部分是《农业机械化水平评价》的第5部分。

本部分按照GB/T 1.1—2009给出的规则起草。

本部分由农业部农业机械化管理司提出。

本部分由全国农业机械标准化技术委员会农业机械化分技术委员会(SAC/TC 201/SC 2)归口。

本部分起草单位:中国农业大学、农业部农业机械化管理司。

本部分主要起草人:杨敏丽、王家忠、曹卫华、李伟、史慧敏。

农业机械化水平评价　第 5 部分：果、茶、桑

1　范围

本部分规定了果、茶、桑生产机械化水平的评价指标和计算方法。

本部分适用于对果、茶、桑生产机械化程度的统计和评价。

2　术语和定义

下列术语和定义适用于本文件。

2.1

果园　orchards

种植果树的园地。

2.2

茶园　tea plantations

种植茶树的园地。

2.3

桑园　mulberry fields

种植桑树的园地。

2.4

果、茶、桑生产机械化　production mechanization of fruit，tea and mulberry

将先进适用的农业机械、设备运用于果园、茶园、桑园的果、茶、桑生产，改善其生产经营条件，不断提高其生产技术水平和经济效益、生态效益的过程。

2.5

果、茶、桑生产机械化水平　production mechanization level of fruit，tea and mulberry

在果园、茶园、桑园的果、茶、桑生产过程中，主要作业项目使用机械生产所覆盖的程度。

3　评价指标

评价指标见表 1。

表 1　评价指标

一级指标		二级指标		
指标名称	代码	指标名称	代码	权重系数
果、茶、桑生产机械化水平，%	A	中耕机械化水平，%	A_1	0.15
		施肥机械化水平，%	A_2	0.15
		植保机械化水平，%	A_3	0.20
		修剪机械化水平，%	A_4	0.20
		采收机械化水平，%	A_5	0.20
		田间转运机械化水平，%	A_6	0.10

4　指标计算方法

4.1　果、茶、桑生产机械化水平

果、茶、桑生产机械化水平按式（1）计算。

$$A = 0.15A_1 + 0.15A_2 + 0.20A_3 + 0.20A_4 + 0.20A_5 + 0.10A_6 \cdots\cdots\cdots\cdots\cdots (1)$$

式中：

A ——果、茶、桑生产机械化水平，单位为百分率(%)；

A_1 ——中耕机械化水平，单位为百分率(%)；

A_2 ——施肥机械化水平，单位为百分率(%)；

A_3 ——植保机械化水平，单位为百分率(%)；

A_4 ——修剪机械化水平，单位为百分率(%)；

A_5 ——采收机械化水平，单位为百分率(%)；

A_6 ——田间转运机械化水平，单位为百分率(%)。

4.2 中耕机械化水平

中耕机械化水平按式(2)计算。

$$A_1 = \frac{S_{jzg}}{S_z} \times 100 \cdots\cdots\cdots\cdots\cdots (2)$$

式中：

S_{jzg} ——机械中耕面积，指本年度使用机械对果园、茶园、桑园等进行中耕除草作业的自然面积，不包括使用机械施除草剂的方式。同一块地在一年中进行多次中耕除草作业的，只要其中有1次使用了机械作业，则视为机械化作业，且只计算1次机械作业面积，单位为公顷(hm²)；

S_z ——本年度果园、茶园、桑园等的总面积，单位为公顷(hm²)。

4.3 施肥机械化水平

施肥机械化水平按式(3)计算。

$$A_2 = \frac{S_{jsf}}{S_z} \times 100 \cdots\cdots\cdots\cdots\cdots (3)$$

式中：

S_{jsf} ——机械施肥面积，指本年度使用动力机械对果园、茶园、桑园等进行施肥作业的自然面积。主要指使用撒肥机、滴灌施液肥和开沟施肥机等进行作业，不包括使用植保机械等喷洒叶面肥或微耕机旋耕肥料。同一块地在一年中进行多次施肥作业的，只要其中有1次使用了机械作业，则视为机械化作业，且只计算1次机械作业面积，单位为公顷(hm²)。

4.4 植保机械化水平

植保机械化水平按式(4)计算。

$$A_3 = \frac{S_{jzb}}{S_z} \times 100 \cdots\cdots\cdots\cdots\cdots (4)$$

式中：

S_{jzb} ——机械植保面积，指本年度使用动力植保机械及装置进行防治和消灭果园、茶园、桑园等的病、虫、鼠、杂草(喷施除草剂)等作业的自然面积，采用频振式杀虫灯等物理或生物防治措施亦视为使用机械。同一块地在一年中进行多次植保作业的，只要有1次使用了机械作业，则视为机械化作业，且只计算1次机械作业面积，单位为公顷(hm²)。

4.5 修剪机械化水平

修剪机械化水平按式(5)计算。

$$A_4 = \frac{S_{jxj}}{S_z} \times 100 \cdots\cdots\cdots\cdots\cdots (5)$$

式中：

S_{jxj} ——机械修剪面积，指本年度使用动力机械或装置(含机动、电动、气动等)对果园、茶园、桑园等进行修剪作业的自然面积。同一块地在一年中进行多次修剪作业的，只要其中有1次使用了机械作业,则视为机械化作业,且只计算1次机械作业面积,单位为公顷(hm²)。

4.6 采收机械化水平

采收机械化水平按式(6)计算。

$$A_5 = \frac{W_{jcs}}{W_z} \times 100 \quad\text{……………………………………}\quad (6)$$

式中:

W_{jcs}——机械采收产量,指本年度使用动力机械或装置所采收的果品、茶业、桑叶等产量,单位为吨(t);

W_z——采收总产量,指本年度果品、茶叶、桑叶等的产量,单位为吨(t)。

4.7 田间转运机械化水平

田间转运机械化水平按式(7)计算。

$$A_6 = \frac{W_{jzy}}{W_z} \times 100 \quad\text{……………………………………}\quad (7)$$

式中:

W_{jzy}——机械田间转运产量,指"轨道/索道运输"、小型运输车/机械或其他机动运输工具将果品、茶叶、桑叶等从园内运到公路边的产品质量,若将采收的产品从园内转运到公路时,人工搬运的距离小于100m视为机械化作业,单位为吨(t)。

附录

中华人民共和国农业部公告
第 2224 号

根据《中华人民共和国兽药管理条例》和《中华人民共和国饲料和饲料添加剂管理条例》规定,《饲料中赛地卡霉素的测定 高效液相色谱法》等 4 项标准业经专家审定通过,现批准发布为中华人民共和国国家标准,自 2015 年 4 月 1 日起实施。

特此公告。

附件:《饲料中赛地卡霉素的测定 高效液相色谱法》等 4 项农业国家标准目录

农业部
2015 年 1 月 30 日

附件：

《饲料中赛地卡霉素的测定　高效液相色谱法》等
4 项农业国家标准目录

序号	标准名称	标准代号
1	饲料中赛地卡霉素的测定　高效液相色谱法	农业部 2224 号公告—1—2015
2	饲料中炔雌醇的测定　高效液相色谱法	农业部 2224 号公告—2—2015
3	饲料中雌二醇的测定　液相色谱—串联质谱法	农业部 2224 号公告—3—2015
4	饲料中苯丙酸诺龙的测定　高效液相色谱法	农业部 2224 号公告—4—2015

中华人民共和国农业部公告
第 2227 号

《尿素硝酸铵溶液》等 86 项标准业经专家审定通过，现批准发布为中华人民共和国农业行业标准，自 2015 年 5 月 1 日起实施。

特此公告。

附件:《尿素硝酸铵溶液》等 86 项农业行业标准目录

农业部
2015 年 2 月 9 日

附件：

《尿素硝酸铵溶液》等 86 项农业行业标准目录

序号	标准号	标准名称	代替标准号
1	NY 2670—2015	尿素硝酸铵溶液	
2	NY/T 2671—2015	甘味绞股蓝生产技术规程	
3	NY/T 2672—2015	茶粉	
4	NY/T 2673—2015	棉花术语	
5	NY/T 2674—2015	水稻机插钵形毯状育秧盘	
6	NY/T 2675—2015	棉花良好农业规范	
7	NY/T 2676—2015	棉花抗盲椿象性鉴定方法	
8	NY/T 2677—2015	农药沉积率测定方法	
9	NY/T 2678—2015	马铃薯6种病毒的检测　RT－PCR法	
10	NY/T 2679—2015	甘蔗病原菌检测规程　宿根矮化病菌　环介导等温扩增检测法	
11	NY/T 2680—2015	鱼塘专用稻种植技术规程	
12	NY/T 2681—2015	梨苗木繁育技术规程	
13	NY/T 2682—2015	酿酒葡萄生产技术规程	
14	NY/T 2683—2015	农田主要地下害虫防治技术规程	
15	NY/T 2684—2015	苹果树腐烂病防治技术规程	
16	NY/T 2685—2015	梨小食心虫综合防治技术规程	
17	NY/T 2686—2015	旱作玉米全膜覆盖技术规范	
18	NY/T 2687—2015	刺萼龙葵综合防治技术规程	
19	NY/T 2688—2015	外来入侵植物监测技术规程　长芒苋	
20	NY/T 2689—2015	外来入侵植物监测技术规程　少花蒺藜草	
21	NY/T 2690—2015	蒙古羊	
22	NY/T 2691—2015	内蒙古细毛羊	
23	NY/T 2692—2015	奶牛隐性乳房炎快速诊断技术	
24	NY/T 2693—2015	斑点叉尾鲖配合饲料	
25	NY/T 2694—2015	饲料添加剂氨基酸锰及蛋白锰络(螯)合强度的测定	
26	NY/T 2695—2015	牛遗传缺陷基因检测技术规程	
27	NY/T 2696—2015	饲草青贮技术规程　玉米	
28	NY/T 2697—2015	饲草青贮技术规程　紫花苜蓿	
29	NY/T 2698—2015	青贮设施建设技术规范　青贮窖	
30	NY/T 2699—2015	牧草机械收获技术规程　苜蓿干草	
31	NY/T 2700—2015	草地测土施肥技术规程　紫花苜蓿	
32	NY/T 2701—2015	人工草地杂草防除技术规范　紫花苜蓿	
33	NY/T 2702—2015	紫花苜蓿主要病害防治技术规程	
34	NY/T 2703—2015	紫花苜蓿种植技术规程	
35	NY/T 2704—2015	机械化起垄全铺膜作业技术规范	
36	NY/T 2705—2015	生物质燃料成型机　质量评价技术规范	
37	NY/T 2706—2015	马铃薯打秧机　质量评价技术规范	
38	NY/T 2707—2015	纸质湿帘　质量评价技术规范	
39	NY/T 2708—2015	温室透光覆盖材料安装与验收规范　玻璃	
40	NY/T 2709—2015	油菜播种机　作业质量	
41	NY/T 2710—2015	茶树良种繁育基地建设标准	
42	NY/T 2711—2015	草原监测站建设标准	
43	NY/T 2712—2015	节水农业示范区建设标准　总则	

附　录

（续）

序号	标准号	标准名称	代替标准号
44	NY/T 2713—2015	水产动物表观消化率测定方法	SC/T 1089—2006
45	NY/T 60—2015	桃小食心虫综合防治技术规程	NY/T 60—1987
46	NY/T 500—2015	秸秆粉碎还田机　作业质量	NY/T 500—2002
47	NY/T 503—2015	单粒(精密)播种机　作业质量	NY/T 503—2002
48	NY/T 509—2015	秸秆揉丝机　质量评价技术规范	NY/T 509—2002
49	NY/T 648—2015	马铃薯收获机　质量评价技术规范	NY/T 648—2002
50	NY/T 1640—2015	农业机械分类	NY/T 1640—2008
51	NY/T 5018—2015	茶叶生产技术规程	NY/T 5018—2001
52	NY/T 1151.1—2015	农药登记用卫生杀虫剂室内药效试验及评价　第1部分:防蛀剂	NY/T 1151.1—2006
53	SC/T 1123—2015	翘嘴鲌	
54	SC/T 1124—2015	黄颡鱼　亲鱼和苗种	
55	SC/T 2068—2015	凡纳滨对虾　亲虾和苗种	
56	SC/T 2072—2015	马氏珠母贝　亲贝和苗种	
57	SC/T 2079—2015	毛蚶　亲贝和苗种	
58	SC/T 3049—2015	刺参及其制品中海参多糖的测定　高效液相色谱法	
59	SC/T 3218—2015	干江蓠	
60	SC/T 3219—2015	干鲍鱼	
61	SC/T 5061—2015	人工钓饵	
62	SC/T 6055—2015	养殖水处理设备　微滤机	
63	SC/T 6056—2015	水产养殖设施　名词术语	
64	SC/T 6080—2015	渔船燃油添加剂试验评定方法	
65	SC/T 7019—2015	水生动物病原微生物实验室保存规范	
66	SC/T 7218.1—2015	指环虫病诊断规程　第1部分:小鞘指环虫病	
67	SC/T 7218.2—2015	指环虫病诊断规程　第2部分:页形指环虫病	
68	SC/T 7218.3—2015	指环虫病诊断规程　第3部分:鳙指环虫病	
69	SC/T 7218.4—2015	指环虫病诊断规程　第4部分:坏鳃指环虫病	
70	SC/T 7219.1—2015	三代虫病诊断规程　第1部分:大西洋鲑三代虫病	
71	SC/T 7219.2—2015	三代虫病诊断规程　第2部分:鲩三代虫病	
72	SC/T 7219.3—2015	三代虫病诊断规程　第3部分:鲢三代虫病	
73	SC/T 7219.4—2015	三代虫病诊断规程　第4部分:中型三代虫病	
74	SC/T 7219.5—2015	三代虫病诊断规程　第5部分:细锚三代虫病	
75	SC/T 7219.6—2015	三代虫病诊断规程　第6部分:小林三代虫病	
76	SC/T 7220—2015	中华绒螯蟹螺原体PCR检测方法	
77	SC/T 9417—2015	人工鱼礁资源养护效果评价技术规范	
78	SC/T 9418—2015	水生生物增殖放流技术规范　鲷科鱼类	
79	SC/T 9419—2015	水生生物增殖放流技术规范　中国对虾	
80	SC/T 9420—2015	水产养殖环境(水体、底泥)中多溴联苯醚的测定　气相色谱—质谱法	
81	SC/T 9421—2015	水生生物增殖放流技术规范　日本对虾	
82	SC/T 9422—2015	水生生物增殖放流技术规范　鲆鲽类	
83	SC/T 3203—2015	调味生鱼干	SC/T 3203—2001
84	SC/T 3210—2015	盐渍海蜇皮和盐渍海蜇头	SC/T 3210—2001
85	SC/T 8045—2015	渔船无线电通信设备修理、安装及调试技术要求	SC/T 8045—1994
86	SC/T 7002.6—2015	渔船用电子设备环境试验条件和方法　盐雾(Ka)	SC/T 7002.6—1992

中华人民共和国农业部公告
第 2258 号

　　《农产品等级规格评定技术规范　通则》等 131 项标准业经专家审定通过,现批准发布为中华人民共和国农业行业标准,自 2015 年 8 月 1 日起实施。
　　特此公告。
　　附件:《农产品等级规格评定技术规范　通则》等 131 项农业行业标准目录

农业部
2015 年 5 月 21 日

附　录

附件：

《农产品等级规格评定技术规范　通则》
等 131 项农业行业标准目录

序号	标准号	标准名称	代替标准号
1	NY/T 2714—2015	农产品等级规格评定技术规范　通则	
2	NY/T 2715—2015	平菇等级规格	
3	NY/T 2716—2015	马铃薯原原种等级规格	
4	NY/T 2717—2015	樱桃良好农业规范	
5	NY/T 2718—2015	柑橘良好农业规范	
6	NY/T 2719—2015	苹果苗木脱毒技术规范	
7	NY/T 2720—2015	水稻抗纹枯病鉴定技术规范	
8	NY/T 2721—2015	柑橘商品化处理技术规程	
9	NY/T 2722—2015	秸秆腐熟菌剂腐解效果评价技术规程	
10	NY/T 2723—2015	茭白生产技术规程	
11	NY/T 2724—2015	甘蔗脱毒种苗生产技术规程	
12	NY/T 2725—2015	氯化苦土壤消毒技术规程	
13	NY/T 2726—2015	小麦蚜虫抗药性监测技术规程	
14	NY/T 2727—2015	蔬菜烟粉虱抗药性监测技术规程	
15	NY/T 2728—2015	稻田稗属杂草抗药性监测技术规程	
16	NY/T 2729—2015	李属坏死环斑病毒检测规程	
17	NY/T 2730—2015	水稻黑条矮缩病测报技术规范	
18	NY/T 2731—2015	小地老虎测报技术规范	
19	NY/T 2732—2015	农作物害虫性诱监测技术规范(螟蛾类)	
20	NY/T 2733—2015	梨小食心虫监测性诱芯应用技术规范	
21	NY/T 2734—2015	桃小食心虫监测性诱芯应用技术规范	
22	NY/T 2735—2015	稻茬小麦涝渍灾害防控与补救技术规范	
23	NY/T 2736—2015	蝗虫防治技术规范	
24	NY/T 2737.1—2015	稻纵卷叶螟和稻飞虱防治技术规程　第1部分:稻纵卷叶螟	
25	NY/T 2737.2—2015	稻纵卷叶螟和稻飞虱防治技术规程　第2部分:稻飞虱	
26	NY/T 2738.1—2015	农作物病害遥感监测技术规范　第1部分:小麦条锈病	
27	NY/T 2738.2—2015	农作物病害遥感监测技术规范　第2部分:小麦白粉病	
28	NY/T 2738.3—2015	农作物病害遥感监测技术规范　第3部分:玉米大斑病和小斑病	
29	NY/T 2739.1—2015	农作物低温冷害遥感监测技术规范　第1部分:总则	
30	NY/T 2739.2—2015	农作物低温冷害遥感监测技术规范　第2部分:北方水稻延迟型冷害	
31	NY/T 2739.3—2015	农作物低温冷害遥感监测技术规范　第3部分:北方春玉米延迟型冷害	
32	NY/T 2740—2015	农产品地理标志茶叶类质量控制技术规范编写指南	
33	NY/T 2741—2015	仁果类水果中类黄酮的测定　液相色谱法	
34	NY/T 2742—2015	水果及制品可溶性糖的测定　3,5-二硝基水杨酸比色法	
35	NY/T 2743—2015	甘蔗白色条纹病菌检验检疫技术规程　实时荧光定量 PCR 法	
36	NY/T 2744—2015	马铃薯纺锤块茎类病毒检测　核酸斑点杂交法	
37	NY/T 2745—2015	水稻品种鉴定　SNP 标记法	
38	NY/T 2746—2015	植物新品种特异性、一致性和稳定性测试指南　烟草	
39	NY/T 2747—2015	植物新品种特异性、一致性和稳定性测试指南　紫花苜蓿和杂花苜蓿	
40	NY/T 2748—2015	植物新品种特异性、一致性和稳定性测试指南　人参	

（续）

序号	标准号	标准名称	代替标准号
41	NY/T 2749—2015	植物新品种特异性、一致性和稳定性测试指南　橡胶树	
42	NY/T 2750—2015	植物新品种特异性、一致性和稳定性测试指南　凤梨属	
43	NY/T 2751—2015	植物新品种特异性、一致性和稳定性测试指南　普通洋葱	
44	NY/T 2752—2015	植物新品种特异性、一致性和稳定性测试指南　非洲凤仙	
45	NY/T 2753—2015	植物新品种特异性、一致性和稳定性测试指南　红花	
46	NY/T 2754—2015	植物新品种特异性、一致性和稳定性测试指南　华北八宝	
47	NY/T 2755—2015	植物新品种特异性、一致性和稳定性测试指南　韭	
48	NY/T 2756—2015	植物新品种特异性、一致性和稳定性测试指南　莲属	
49	NY/T 2757—2015	植物新品种特异性、一致性和稳定性测试指南　青花菜	
50	NY/T 2758—2015	植物新品种特异性、一致性和稳定性测试指南　石斛属	
51	NY/T 2759—2015	植物新品种特异性、一致性和稳定性测试指南　仙客来	
52	NY/T 2760—2015	植物新品种特异性、一致性和稳定性测试指南　香蕉	
53	NY/T 2761—2015	植物新品种特异性、一致性和稳定性测试指南　杨梅	
54	NY/T 2762—2015	植物新品种特异性、一致性和稳定性测试指南　南瓜（中国南瓜）	
55	NY/T 2763—2015	淮猪	
56	NY/T 2764—2015	金陵黄鸡配套系	
57	NY/T 2765—2015	獭兔饲养管理技术规范	
58	NY/T 2766—2015	牦牛生产性能测定技术规范	
59	NY/T 2767—2015	牧草病害调查与防治技术规程	
60	NY/T 2768—2015	草原退化监测技术导则	
61	NY/T 2769—2015	牧草中15种生物碱的测定　液相色谱—串联质谱法	
62	NY/T 2770—2015	有机铬添加剂（原粉）中有机形态铬的测定	
63	NY/T 2771—2015	农村秸秆青贮氨化设施建设标准	
64	NY/T 2772—2015	农业建设项目可行性研究报告编制规程	
65	NY/T 2773—2015	农业机械安全监理机构装备建设标准	
66	NY/T 2774—2015	种兔场建设标准	
67	NY/T 2775—2015	农作物生产基地建设标准　糖料甘蔗	
68	NY/T 2776—2015	蔬菜产地批发市场建设标准	
69	NY/T 2777—2015	玉米良种繁育基地建设标准	
70	NY/T 2778—2015	骨素	
71	NY/T 2779—2015	苹果脆片	
72	NY/T 2780—2015	蔬菜加工名词术语	
73	NY/T 2781—2015	羊胴体等级规格评定规范	
74	NY/T 2782—2015	风干肉加工技术规范	
75	NY/T 2783—2015	腊肉制品加工技术规范	
76	NY/T 2784—2015	红参加工技术规范	
77	NY/T 2785—2015	花生热风干燥技术规范	
78	NY/T 2786—2015	低温压榨花生油生产技术规范	
79	NY/T 2787—2015	草莓采收与贮运技术规范	
80	NY/T 2788—2015	蓝莓保鲜贮运技术规程	
81	NY/T 2789—2015	薯类贮藏技术规范	
82	NY/T 2790—2015	瓜类蔬菜采后处理与产地贮藏技术规范	
83	NY/T 2791—2015	肉制品加工中非肉类蛋白质使用导则	
84	NY/T 2792—2015	蜂产品感官评价方法	
85	NY/T 2793—2015	肉的食用品质客观评价方法	
86	NY/T 2794—2015	花生仁中氨基酸含量测定　近红外法	
87	NY/T 2795—2015	苹果中主要酚类物质的测定　高效液相色谱法	

（续）

序号	标准号	标准名称	代替标准号
88	NY/T 2796—2015	水果中有机酸的测定　离子色谱法	
89	NY/T 2797—2015	肉中脂肪无损检测方法　近红外法	
90	NY/T 2798.1—2015	无公害农产品　生产质量安全控制技术规范　第1部分:通则	
91	NY/T 2798.2—2015	无公害农产品　生产质量安全控制技术规范　第2部分:大田作物产品	
92	NY/T 2798.3—2015	无公害农产品　生产质量安全控制技术规范　第3部分:蔬菜	
93	NY/T 2798.4—2015	无公害农产品　生产质量安全控制技术规范　第4部分:水果	
94	NY/T 2798.5—2015	无公害农产品　生产质量安全控制技术规范　第5部分:食用菌	
95	NY/T 2798.6—2015	无公害农产品　生产质量安全控制技术规范　第6部分:茶叶	
96	NY/T 2798.7—2015	无公害农产品　生产质量安全控制技术规范　第7部分:家畜	
97	NY/T 2798.8—2015	无公害农产品　生产质量安全控制技术规范　第8部分:肉禽	
98	NY/T 2798.9—2015	无公害农产品　生产质量安全控制技术规范　第9部分:生鲜乳	
99	NY/T 2798.10—2015	无公害农产品　生产质量安全控制技术规范　第10部分:蜂产品	
100	NY/T 2798.11—2015	无公害农产品　生产质量安全控制技术规范　第11部分:鲜禽蛋	
101	NY/T 2798.12—2015	无公害农产品　生产质量安全控制技术规范　第12部分:畜禽屠宰	
102	NY/T 2798.13—2015	无公害农产品　生产质量安全控制技术规范　第13部分:养殖水产品	
103	NY/T 2799—2015	绿色食品　畜肉	
104	NY/T 658—2015	绿色食品　包装通用准则	NY/T 658—2002
105	NY/T 843—2015	绿色食品　畜禽肉制品	NY/T 843—2009
106	NY/T 895—2015	绿色食品　高粱	NY/T 895—2004
107	NY/T 896—2015	绿色食品　产品抽样准则	NY/T 896—2004
108	NY/T 902—2015	绿色食品　瓜籽	NY/T 902—2004, NY/T 429—2000
109	NY/T 1049—2015	绿色食品　薯芋类蔬菜	NY/T 1049—2006
110	NY/T 1055—2015	绿色食品　产品检验规则	NY/T 1055—2006
111	NY/T 1324—2015	绿色食品　芥菜类蔬菜	NY/T 1324—2007
112	NY/T 1325—2015	绿色食品　芽苗类蔬菜	NY/T 1325—2007
113	NY/T 1326—2015	绿色食品　多年生蔬菜	NY/T 1326—2007
114	NY/T 1405—2015	绿色食品　水生蔬菜	NY/T 1405—2007
115	NY/T 1506—2015	绿色食品　食用花卉	NY/T 1506—2007
116	NY/T 1511—2015	绿色食品　膨化食品	NY/T 1511—2007
117	NY/T 1714—2015	绿色食品　即食谷粉	NY/T 1714—2009
118	NY/T 5295—2015	无公害农产品　产地环境评价准则	NY/T 5295—2004
119	NY/T 544—2015	猪流行性腹泻诊断技术	NY/T 544—2002
120	NY/T 546—2015	猪传染性萎缩性鼻炎诊断技术	NY/T 546—2002
121	NY/T 548—2015	猪传染性胃肠炎诊断技术	NY/T 548—2002
122	NY/T 553—2015	禽支原体 PCR 检测方法	NY/T 553—2002
123	NY/T 562—2015	动物衣原体病诊断技术	NY/T 562—2002
124	NY/T 576—2015	绵羊痘和山羊痘诊断技术	NY/T 576—2002
125	NY/T 635—2015	天然草地合理载畜量的计算	NY/T 635—2002
126	NY/T 798—2015	复合微生物肥料	NY/T 798—2004
127	NY/T 983—2015	苹果采收与贮运技术规范	NY/T 983—2006
128	NY/T 1160—2015	蜜蜂饲养技术规范	NY/T 1160—2006
129	NY/T 1392—2015	猕猴桃采收与贮运技术规范	NY/T 1392—2007
130	SC/T 6074—2015	渔船用射频识别(RFID)设备技术要求	
131	SC/T 8149—2015	渔业船舶用气胀式工作救生衣	

中华人民共和国农业部公告

第 2259 号

根据《中华人民共和国农业转基因生物安全管理条例》规定,《转基因植物及其产品成分检测　基体标准物质定值技术规范》等 19 项标准业经专家审定通过,现批准发布为中华人民共和国国家标准,自 2015 年 8 月 1 日起实施。

特此公告。

附件:《转基因植物及其产品成分检测　基体标准物质定值技术规范》等 19 项农业国家标准目录

农业部

2015 年 5 月 21 日

附件：

《转基因植物及其产品成分检测　基体标准物质
定值技术规范》等 19 项农业国家标准目录

序号	标准名称	标准代号
1	转基因植物及其产品成分检测　基体标准物质定值技术规范	农业部 2259 号公告—1—2015
2	转基因植物及其产品成分检测　玉米标准物质候选物繁殖与鉴定技术规范	农业部 2259 号公告—2—2015
3	转基因植物及其产品成分检测　棉花标准物质候选物繁殖与鉴定技术规范	农业部 2259 号公告—3—2015
4	转基因植物及其产品成分检测　定性 PCR 方法制定指南	农业部 2259 号公告—4—2015
5	转基因植物及其产品成分检测　实时荧光定量 PCR 方法制定指南	农业部 2259 号公告—5—2015
6	转基因植物及其产品成分检测　耐除草剂大豆 MON87708 及其衍生品种定性 PCR 方法	农业部 2259 号公告—6—2015
7	转基因植物及其产品成分检测　抗虫大豆 MON87701 及其衍生品种定性 PCR 方法	农业部 2259 号公告—7—2015
8	转基因植物及其产品成分检测　耐除草剂大豆 FG72 及其衍生品种定性 PCR 方法	农业部 2259 号公告—8—2015
9	转基因植物及其产品成分检测　耐除草剂油菜 MON88302 及其衍生品种定性 PCR 方法	农业部 2259 号公告—9—2015
10	转基因植物及其产品成分检测　抗虫玉米 IE09S034 及其衍生品种定性 PCR 方法	农业部 2259 号公告—10—2015
11	转基因植物及其产品成分检测　抗虫耐除草剂水稻 G6H1 及其衍生品种定性 PCR 方法	农业部 2259 号公告—11—2015
12	转基因植物及其产品成分检测　抗虫耐除草剂玉米双抗 12－5 及其衍生品种定性 PCR 方法	农业部 2259 号公告—12—2015
13	转基因植物试验安全控制措施　第 1 部分:通用要求	农业部 2259 号公告—13—2015
14	转基因植物试验安全控制措施　第 2 部分:药用工业用转基因植物	农业部 2259 号公告—14—2015
15	转基因植物及其产品环境安全检测　抗除草剂水稻　第 1 部分:除草剂耐受性	农业部 2259 号公告—15—2015
16	转基因植物及其产品环境安全检测　抗除草剂水稻　第 2 部分:生存竞争能力	农业部 2259 号公告—16—2015
17	转基因植物及其产品环境安全检测　耐除草剂油菜　第 1 部分:除草剂耐受性	农业部 2259 号公告—17—2015
18	转基因植物及其产品环境安全检测　耐除草剂油菜　第 2 部分:生存竞争能力	农业部 2259 号公告—18—2015
19	转基因生物良好实验室操作规范　第 1 部分:分子特征检测	农业部 2259 号公告—19—2015

中华人民共和国农业部公告
第 2307 号

《微耕机　安全操作规程》等 68 项标准业经专家审定通过,现批准发布为中华人民共和国农业行业标准,自 2015 年 12 月 1 日起实施。

特此公告。

附件:《微耕机　安全操作规程》等 68 项农业行业标准目录

农业部

2015 年 10 月 9 日

附件：

《微耕机　安全操作规程》等 68 项农业行业标准目录

序号	标准号	标准名称	代替标准号
1	NY 2800—2015	微耕机　安全操作规程	
2	NY 2801—2015	机动脱粒机　安全操作规程	
3	NY 2802—2015	谷物干燥机大气污染物排放标准	
4	NY/T 2803—2015	家禽繁殖员	
5	NY/T 2804—2015	蔬菜园艺工	
6	NY/T 2805—2015	农业职业经理人	
7	NY/T 2806—2015	饲料检验化验员	
8	NY/T 2807—2015	兽用中药检验员	
9	NY/T 2808—2015	胡椒初加工技术规程	
10	NY/T 2809—2015	澳洲坚果栽培技术规程	
11	NY/T 2810—2015	橡胶树褐根病菌鉴定方法	
12	NY/T 2811—2015	橡胶树棒孢霉落叶病病原菌分子检测技术规范	
13	NY/T 2812—2015	热带作物种质资源收集技术规程	
14	NY/T 2813—2015	热带作物种质资源描述规范　菠萝	
15	NY/T 2814—2015	热带作物种质资源抗病虫鉴定技术规程　橡胶树白粉病	
16	NY/T 2815—2015	热带作物病虫害防治技术规程　红棕象甲	
17	NY/T 2816—2015	热带作物主要病虫害防治技术规程　胡椒	
18	NY/T 2817—2015	热带作物病虫害监测技术规程　香蕉枯萎病	
19	NY/T 2818—2015	热带作物病虫害监测技术规程　红棕象甲	
20	NY/T 2819—2015	植物性食品中腈苯唑残留量的测定　气相色谱—质谱法	
21	NY/T 2820—2015	植物性食品中抑食肼、虫酰肼、甲氧虫酰肼、呋喃虫酰肼和环虫酰肼 5 种双酰肼类农药残留量的同时测定　液相色谱—质谱联用法	
22	NY/T 2821—2015	蜂胶中咖啡酸苯乙酯的测定　液相色谱—串联质谱法	
23	NY/T 2822—2015	蜂产品中砷和汞的形态分析　原子荧光法	
24	NY/T 2823—2015	八眉猪	
25	NY/T 2824—2015	五指山猪	
26	NY/T 2825—2015	滇南小耳猪	
27	NY/T 2826—2015	沙子岭猪	
28	NY/T 2827—2015	简州大耳羊	
29	NY/T 2833—2015	陕北白绒山羊	
30	NY/T 2828—2015	蜀宣花牛	
31	NY/T 2829—2015	甘南牦牛	
32	NY/T 2830—2015	山麻鸭	
33	NY/T 2831—2015	伊犁马	
34	NY/T 2832—2015	汶上芦花鸡	
35	NY/T 2834—2015	草品种区域试验技术规程　豆科牧草	
36	NY/T 2835—2015	奶山羊饲养管理技术规范	
37	NY/T 2836—2015	肉牛胴体分割规范	
38	NY/T 2837—2015	蜜蜂瓦螨鉴定方法	
39	NY/T 2838—2015	禽沙门氏菌病诊断技术	
40	NY/T 2839—2015	致仔猪黄痢大肠杆菌分离鉴定技术	
41	NY/T 2840—2015	猪细小病毒间接 ELISA 抗体检测方法	
42	NY/T 2841—2015	猪传染性胃肠炎病毒 RT - nPCR 检测方法	
43	NY/T 2842—2015	动物隔离场所动物卫生规范	
44	NY/T 2843—2015	动物及动物产品运输兽医卫生规范	

（续）

序号	标准号	标准名称	代替标准号
45	NY/T 2844—2015	双层圆筒初清筛	
46	NY/T 2845—2015	深松机　作业质量	
47	NY/T 2846—2015	农业机械适用性评价通则	
48	NY/T 2847—2015	小麦免耕播种机适用性评价方法	
49	NY/T 2848—2015	谷物联合收割机可靠性评价方法	
50	NY/T 2849—2015	风送式喷雾机施药技术规范	
51	NY/T 2850—2015	割草压扁机　质量评价技术规范	
52	NY/T 2851—2015	玉米机械化深松施肥播种作业技术规范	
53	NY/T 2852—2015	农业机械化水平评价　第5部分:果、茶、桑	
54	NY/T 2853—2015	沼气生产用原料收贮运技术规范	
55	NY/T 2854—2015	沼气工程发酵装置	
56	NY/T 2855—2015	自走式沼渣沼液抽排设备试验方法	
57	NY/T 2856—2015	非自走式沼渣沼液抽排设备试验方法	
58	NY/T 2857—2015	休闲农业术语、符号规范	
59	NY/T 2858—2015	农家乐设施与服务规范	
60	NY/T 2859—2015	主要农作物品种真实性SSR分子标记检测　普通小麦	
61	NY/T 1648—2015	荔枝等级规格	NY/T 1648—2008
62	NY/T 1089—2015	橡胶树白粉病测报技术规程	NY/T 1089—2006
63	NY/T 264—2015	剑麻加工机械　刮麻机	NY/T 264—2004
64	NY/T 1496.1—2015	户用沼气输气系统　第1部分:塑料管材	NY/T 1496.1—2007
65	NY/T 1496.2—2015	户用沼气输气系统　第2部分:塑料管件	NY/T 1496.2—2007
66	NY/T 1496.3—2015	户用沼气输气系统　第3部分:塑料开关	NY/T 1496.3—2007
67	NY/T 538—2015	鸡传染性鼻炎诊断技术	NY/T 538—2002
68	NY/T 561—2015	动物炭疽诊断技术	NY/T 561—2002

中华人民共和国农业部公告
第 2349 号

　　根据《中华人民共和国兽药管理条例》和《中华人民共和国饲料和饲料添加剂管理条例》规定,《饲料中妥曲珠利的测定　高效液相色谱法》等 8 项标准业经专家审定通过和我部审查批准,现批准发布为中华人民共和国国家标准,自 2016 年 4 月 1 日起实施。

　　特此公告。

　　附件:《饲料中妥曲珠利的测定　高效液相色谱法》等 8 项标准目录

农业部

2015 年 12 月 29 日

附件：

《饲料中妥曲珠利的测定　高效液相色谱法》等 8 项标准目录

序号	标准名称	标准代号
1	饲料中妥曲珠利的测定　高效液相色谱法	农业部 2349 号公告—1—2015
2	饲料中赛杜霉素钠的测定　柱后衍生高效液相色谱法	农业部 2349 号公告—2—2015
3	饲料中巴氯芬的测定　高效液相色谱法	农业部 2349 号公告—3—2015
4	饲料中可乐定和赛庚啶的测定　高效液相色谱法	农业部 2349 号公告—4—2015
5	饲料中磺胺类和喹诺酮类药物的测定　液相色谱—串联质谱法	农业部 2349 号公告—5—2015
6	饲料中硝基咪唑类、硝基呋喃类和喹噁啉类药物的测定　液相色谱—串联质谱法	农业部 2349 号公告—6—2015
7	饲料中司坦唑醇的测定　液相色谱—串联质谱法	农业部 2349 号公告—7—2015
8	饲料中二甲氧苄氨嘧啶、三甲氧苄氨嘧啶和二甲氧甲基苄氨嘧啶的测定　液相色谱—串联质谱法	农业部 2349 号公告—8—2015

中华人民共和国农业部公告
第 2350 号

《冬枣等级规格》等 23 项标准业经专家审定通过,现批准发布为中华人民共和国农业行业标准,自 2016 年 4 月 1 日起实施。

特此公告。

附件:《冬枣等级规格》等 23 项农业行业标准目录

农业部

2015 年 12 月 29 日

附件：

《冬枣等级规格》等23项农业行业标准目录

序号	标准号	标准名称	代替标准号
1	NY/T 2860—2015	冬枣等级规格	
2	NY/T 2861—2015	杨梅良好农业规范	
3	NY/T 2862—2015	节水抗旱稻　术语	
4	NY/T 2863—2015	节水抗旱稻抗旱性鉴定技术规范	
5	NY/T 2864—2015	葡萄溃疡病抗性鉴定技术规范	
6	NY/T 2865—2015	瓜类果斑病监测规范	
7	NY/T 2866—2015	旱作马铃薯全膜覆盖技术规范	
8	NY/T 2867—2015	西花蓟马鉴定技术规范	
9	NY/T 2868—2015	大白菜贮运技术规范	
10	NY/T 2869—2015	姜贮运技术规范	
11	NY/T 2870—2015	黄麻、红麻纤维线密度的快速检测　显微图像法	
12	NY/T 2871—2015	水稻中43种植物激素的测定　液相色谱—串联质谱法	
13	NY/T 2872—2015	耕地质量划分规范	
14	NY/T 2873—2015	农药内分泌干扰作用评价方法	
15	NY/T 2874—2015	农药每日允许摄入量	
16	NY/T 2875—2015	蚊香类产品健康风险评估指南	
17	NY/T 2876—2015	肥料和土壤调理剂　有机质分级测定	
18	NY/T 2877—2015	肥料增效剂　双氰胺含量的测定	
19	NY/T 2878—2015	水溶肥料　聚天门冬氨酸含量的测定	
20	NY/T 2879—2015	水溶肥料　钴、钛含量测定	
21	NY/T 2880—2015	生物质成型燃料工程运行管理规范	
22	NY/T 2881—2015	生物质成型燃料工程设计规范	
23	NY/T 2140—2015	绿色食品　代用茶	NY/T 2140—2012

图书在版编目（CIP）数据

最新中国农业行业标准．第十二辑．农机分册／农
业标准编辑部编．—北京：中国农业出版社，2016.11
（中国农业标准经典收藏系列）
ISBN 978 - 7 - 109 - 22332 - 5

Ⅰ.①最… Ⅱ.①农… Ⅲ.①农业－行业标准－汇编
－中国②农业机械－行业标准－汇编－中国 Ⅳ.
①S - 65②S22 - 65

中国版本图书馆 CIP 数据核字（2016）第 271425 号

中国农业出版社出版
（北京市朝阳区麦子店街 18 号楼）
（邮政编码 100125）
责任编辑 杨桂华 冀 刚

北京中科印刷有限公司印刷 新华书店北京发行所发行
2017 年 1 月第 1 版 2017 年 1 月北京第 1 次印刷

开本：880mm×1230mm 1/16 印张：14.5
字数：400 千字
定价：136.00 元
（凡本版图书出现印刷、装订错误，请向出版社发行部调换）